101 Dinge, die man über Dampfloks wissen muss

01 2066-7

Andreas Knipping

101 Dinge die man über Dampfloks wissen muss

GeraMond

Inhalt

Vorwort

Vorsicht! Anzug und Krawatte sind bei der Annäherung an die Dampflok eher unpraktisch.

Über Wesen, Funktionsweise, Unterscheidungsmerkmale, Bedeutung und Einsatz der weltweit vielleicht halben Million Dampflokomotiven in 220 Jahren in einem einzigen Büchlein angemessen Auskunft zu geben, ist eine Aufgabe nicht der Sammlung von Material, sondern seiner schmerzhaften Begrenzung. Diese Aufgabe übernimmt vorliegend ein Autor, der in 40 Berufsjahren als Lehrer und Richter sowohl die kompromisslose Erforschung des Details als auch die Vermittlung des radikal gestrafften Überblicks geübt hat. Und auf das Thema bezogen: Basis dieses Buches ist bei mir nicht der schnelle Griff ins Internet, sondern eine systematische Beschäftigung mit Dampflokomotiven über inzwischen 55 Jahre mit dem Niederschlag von gut und gerne 50 Regalmetern Literatur und einer nicht mehr zählbaren Menge von Fotos und Dateien. Kein Zweifel: Die Epoche der Dampflokomotive ist am Ende des Zeitalters der Nutzung fossiler Brennstoffe unwiderruflich ein Stück Vergangenheit. Eine Botschaft sei aber allen Erläuterungen vorangestellt: Sie war nicht – wie es museale Reste von Dampfbetrieb manchmal erscheinen lassen – eine liebenswerte Kuriosität der »guten alten Zeit«, sondern eine zentrale Triebkraft des Industriezeitalters. Schnellzüge von 12 oder 14 Wagen mit Geschwindigkeiten von 90 bis 130 Stundenkilometern und 1500 Tonnen schwere Güterzüge mit 60 bis 90 Stundenkilometern über Berg und Tal zu fahren, das würde auf dem heutigen Mobilitätsmarkt nicht mehr genügen, aber es hatte mit einer Idylle im Sinne von »Blumen pflücken während der Fahrt verboten!« wirklich nichts zu tun. Wir müssen über den längst vollzogenen Abschied von der zwischen 1840 und 1975 so unerhört dominierenden Maschine nicht weinen, wir sollten aber ihre Konstrukteure, ihre Lokführer, ihre Heizer und alle anderen an ihr und mit ihr arbeitenden Menschen nicht belächeln.

Ich danke meinem Bruder Martin Knipping und den Dampflokfreunden Klaus-Henning Damm und Thomas Hartogs für ihre wertvolle Mitarbeit an diesem Buch sowie Petra Nitsch für einen musikalischen Beitrag.

Andreas Knipping, September 2023

Warum Dampflok?

1

Kohle und Stahl vor 200 Jahren

Vor 250 Jahren war Europa weitgehend abgeholzt. In unserer Zeit mit ihren ökologischen Sorgen wirkt es eigenartig, dass es zu Zeiten von Goethe weniger Wald gab als heute. Fast alle Häuser und Schiffe wurden aus Holz gebaut, man kochte und heizte mit Holz; und vor allem erfolgte Metallgewinnung aus Erz und jede weitere Verarbeitung von Bronze und Eisen mit Hitze aus Holz und Holzkohle. Man brauchte neuen Brennstoff. Steinkohle. Wollte man hinab zu den riesigen Vorkommen unter Großbritannien, Belgien, Nordwestdeutschland oder Oberschlesien, musste man das in die Schächte fließende Grundwasser abpumpen. Dies gelang mit der von James Watt 1769 entwickelten Dampfmaschine. Ihr Wirkungsgrad war aus heutiger Sicht anfangs rührend gering. Gewaltiger Wärmeaufwand erzeugte ein Druckgefälle, mit dem ein Kolben bewegt wurde, der über Gestänge und Seile das Wasser aus dem Schacht schöpfte. Ein epochaler Fortschritt! Erstmals konnte die Menschheit über die Naturkräfte von Wind, Wasserlauf und Feuer sowie Zugtieren hinaus Bewegungsenergie zielgenau anwenden.

Ein Versprechen von Aufbau und Wohlstand auf dem Bundesbahn-Kalender von 1950: Volkswirtschaft auf Kohlebasis!

Mit der massiv gesteigerten Kohleförderung konnten Gießereien und Walzwerke nun auch die Eisenverarbeitung auf eine neue Basis stellen und Stahl als führenden Baustoff liefern. Holz gibt es überall, Steinkohle und Eisenerz nur in bestimmten Regionen. Transport von Massengütern wurde vordringlich. Schon mit geringer Muskelkraft können Mensch oder Tier auf einem Kanal eine beträchtliche Last befördern. Doch der Kanalbau im Hügelland war zu schwierig und zu teuer. Man konnte steinige Landwege mit Stahlschienen versehen und so die Reibungsverluste für den Pferdetransport halbieren. Aber die Dampfmaschine wurde inzwischen immer schlanker und effektiver und bewährte sich schon auf ersten Schiffen. Man könnte doch versuchen, eine leichte Variante auf Räder zu setzen und damit Wagenladungen zu schleppen …

Entstehung wann und wo?

2

Die Wiege in England

Schon 1769 gab es in Frankreich erste Versuche mit einer Art dampfbetriebenem Traktor. Er blieb genauso erfolglos wie verschiedene Nachfolger. Ab 1801 experimentierte der Engländer Richard Trevithick auf diesem Gebiet. Wir werden nicht mehr erfahren, welche Empfehlungen dafür maßgeblich waren, dass er 1803 von den Pennydarren Eisenwerken den Auftrag zum Bau einer Lokomotive für eine 13,5 Kilometer lange Bahn mit eisernen Schienen erhielt. 1804 ging seine INVICTA als unzweifelhaft erste Dampflokomotive der Welt in Betrieb. Mit 6 bis 8 Stundenkilometern volle 10 Tonnen zu befördern: Das war viel effektiver als der Pferdebetrieb! Trotz Bewährung blieb die originelle Lok mit ihrem riesigen Schwungrad zunächst ohne Nachfolge. Im Auftrag eines Unternehmers Blenkinsop baute Murray 1812 eine Lok mit einem Zahnrad, das in eine Zahnstange neben dem Gleis eingriff.

1814 wagte Ingenieur Hedley einen neuen Versuch mit dem PUFFING BILLY, der bis 1862 (!) eingesetzten und heute ältesten weltweit erhalten

Der PUFFING BILLY hat sich seinen Platz im geschichtsbewussten England redlich verdient.

gebliebenen Lok. Trotz einer mit senkrechten Zylindern und kompliziertem Hebelwerk immer noch eigenartigen Konstruktion war damit der Schritt zur Alltagstauglichkeit geglückt.

Stephenson wird Weltmarktführer

Im selben Jahr 1814 stellte ein weiterer Erfinder und Unternehmer, George Stephenson, seinen Erstling vor, im Jahr nach der Völkerschlacht mit dem populären Namen BLÜCHER. Im Gegensatz zu seinen Vorgängern blieb er seinem großen Thema lebenslang treu. 1825 baute er die LOCOMOTION. 1829 stand die weltweit erste Fernbahn Liverpool–Manchester vor der Vollendung. Die Nachwelt amüsierte sich über die typisch britische Idee, zur Auswahl der tauglichsten Lokomotive einen Wettbewerb mit Preisgeld auszuschreiben. Die Vergleichsfahrten am 6. Oktober 1829 lockten zahllose Schaulustige an, die wie beim Pferderennen wetteten. Eine Maschine wurde als untauglich ausgeschieden, eine andere, weil sie nicht von einer Dampfmaschine angetrieben wurde, sondern von einem Pferd auf einem internen Rollband. Mit großem Abstand siegte Stephensons ROCKET. Damit war die Dampflokomotive im öffentlichen Verkehr angekommen. Weiterentwicklung und Weiterbau kannten keine Grenzen mehr; und Stephenson exportierte nach ganz Europa und in die USA.

Auch die »Locomotion« mit immer noch senkrechtem Zylinder ist erhalten geblieben.

3

Karl Marx ist amüsiert

Eine Lokomotive mit Füßen!

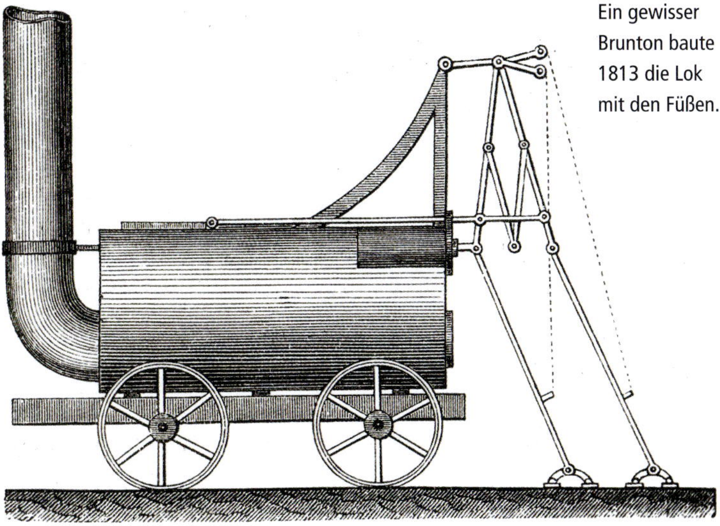

Ein gewisser Brunton baute 1813 die Lok mit den Füßen.

Die bleibende Bedeutung des unermüdlichen Journalisten, Schriftstellers, Politikers und Philosophen Karl Marx (1818–1883) resultiert bekanntlich nicht aus einem plakativen Aufruf zur Revolution und dem naiven Versprechen paradiesischer Zustände in ihrer Folge, sondern aus einem literarischen Werk von schier unfassbarem Umfang. Allein die zu seiner Zeit bei Weitem sorgfältigste Analyse der Volks- und Betriebswirtschaft, das dreibändige »Kapital«, umfasst mehr als 3000 Buchseiten. Die technischen Grundlagen der Industrialisierung, beginnend mit mechanischen Webstühlen und frühen Dampfmaschinen, nehmen darin einen großen Raum ein. Im ersten Band von 1867 finden wir folgende schöne Passage:

»Wie sehr im Anfang die alte Form des Produktionsmittels seine neue Form beherrscht, zeigt u. a. die oberflächliche Vergleichung des modernen Dampfwebstuhls mit dem alten, der modernen Blasinstrumente in Eisengießereien mit der ersten unbehilflichen mechanischen Wiedergeburt des gewöhnlichen Blasbalgs, und vielleicht schlagender als alles andere eine vor der Erfindung der jetzigen Lokomotiven versuchte Lokomotive, die in der Tat zwei Füße hatte, welche sie abwechselnd wie ein Pferd aufhob.«

Dampflokbau experimentell

4

Die Pionierzeit

In den 1830er-Jahren besaßen Vater und Sohn Stephenson im englischen Newcastle upon Tyne eine Monopolstellung für den Lokomotivbau. Mit den Maschinen exportierten sie auch die bis heute in fast ganz Europa sowie Nordamerika und China gültige Normalspurweite von 1435 Millimetern. Auch die ersten in Deutschland fahrenden Lokomotiven stammten aus England, weitere kamen aus den USA (von Norris in Philadelphia). Nicht überraschend wagten belgische, französische, deutsche und österreichische Fabrikanten alsbald die Nachahmung.

Wir müssen uns für die Zeit um 1840 vor Augen halten, dass es damals Hochschulausbildungen und akademische Grade für Ingenieure genauso wenig gab wie Normen für Metallqualitäten und Legierungen oder Formeln für das Verhalten von Stahl, Kupfer und Bronze bei Erhitzung oder dynamischer Beanspruchung. Maschinenbau war auf reine Erfahrung gestütztes Schmiede- und Schlosserhandwerk. Auf der Basis von Beobachtung, Mut und Versuch baute die Aktien-Maschinenfabrik Uebigau bei Dresden 1839 unter Anleitung von Prof. Andreas Schubert die erste betriebstüchtige Dampflokomotive in Deutschland, die unter dem Namen SAXONIA auf der Leipzig-Dresdner Eisenbahn zum Einsatz kam. Weitere Baumuster folgten in Aachen, Sterkrade, Barmen, Chemnitz und Berlin von Herstellern, die aber sämtlich den Schritt ins Seriengeschäft nicht anstrebten oder nicht schafften.

Vom Experiment zur Industrie

Der Beginn des industriellen Lokomotivbaus in Deutschland ist auf das Jahr 1841 zu datieren, in dem August Borsig in Berlin, Joseph Anton Maffei in München und Emil Keßler in Karlsruhe ihre Erstlinge auf die Schienen stellten. Im damaligen staatlichen Zusammenhang des Deutschen Bundes waren auch die frühen österreichischen Hersteller inländisch tätig. Die Werkstätte der dortigen Nordbahn baute 1840 die erste Lok Österreichs. Auch hier war 1841 das Schlüsseljahr des Übergangs zur regelmäßigen

Fertigung, nämlich in der Maschinenfabrik der Wien-Raaber Bahn in Wiener Neustadt. Auf dem Gebiet des heutigen Deutschlands folgten 1846 Georg Egestorff in Hannover-Linden und wiederum Keßler, nunmehr mit einem Werk in Esslingen, und schließlich 1848 die Gebrüder Henschel in Kassel, Friedrich Wöhlert in Berlin sowie die Sächsische Maschinenfabrik Chemnitz (Richard Hartmann). Die damals zahlreichen Privat- und Staatsbahnen im Bereich des Deutschen Bundes konnten je nach Attraktivität von Preis und Leistung zwischen den Herstellern wählen. Fast alle großen Bahnen bedienten sich bei mehreren Anbietern. Konkurrenz belebte das Geschäft.

Feuerbüchse, Röhrenkessel, Blasrohr: Stephensons Rocket verkörperte bereits die Grundform der Dampflok. Allerdings wechselte die Zylinderpartie alsbald ihren Platz nach vorne unter den Schornstein.

5 Dampflokbau vom Fabrikpatriarchen

Große Industriegeschichte

Ab etwa 1840 wurden in Europa Eisenbahnen in einem, gemessen an der damaligen Technik, unfassbaren Tempo gebaut. Tausendschaften von Arbeitern schütteten ohne irgendeine Baumaschine Dämme auf, gruben Einschnitte und bohrten Tunnel, mauerten Viadukte und Bahnhofsgebäude und legten Schienen. Schon eineinhalb Jahrzehnte nach der ersten Zugfahrt 1835 konnte man mit der Eisenbahn – abgesehen von ein paar innerstädtischen Droschkenfahrten und von einigen Flussüberquerungen per Fähre – 1850 die Verbindung Wien–Breslau–Berlin–Hamburg–Kiel befahren und von der belgischen Grenze auf dem Schienenweg über Aachen–Köln–Dortmund–Hannover–Braunschweig–Magdeburg–Halle–Leipzig–Dresden–Görlitz–Breslau–Kattowitz zur russischen Grenze reisen.

Gleicher Rang mit England und USA

Entsprechend wuchs das Lokomotivgeschäft. Weitere Hersteller wie die Maschinenfabrik Heilbronn 1857, die schon im Schiffsbau erfolgreiche Stettiner Maschinenbau AG Vulcan 1858, Ferdinand Schichau in Elbing 1860, Louis Schwartzkopff 1866 in Berlin und Georg Krauss in München 1867 traten hinzu. Den zahlenmäßig größten Erfolg verzeichnete zunächst Borsig mit 1000 Lokomotiven bis 1858, gefolgt von Maffei mit derselben Zahl bis 1874. Borsig war 1875 hinter Baldwin in den USA der zweitgrößte Lokomotivbauer der Welt. Wirtschaftsgeschichtlich sicher erwähnenswert: Anders als in manchen Nachbarländern bauten sich deutsche Bahnverwaltungen nur wenige Dutzend Lokomotiven in eigenen Werkstätten, sondern beauftragten fast durchwegs private Unternehmen. Einen Epochenwandel in der Kaiserzeit ab dem Jahr 1871 markiert der Übergang von Familienunternehmen zu Aktiengesellschaften. Laufende Gewinne genügten nicht mehr für die ständigen Vergrößerungen der Fabriken und für Zweigwerke im Ausland. Der breite Kapitalmarkt investierte mit Blick auf gute Renditen gern.

Die Jubiläumskarte von 1935 überzeichnet den Abstand von Borsigs erster Lok von 1841 zur modernen Einheitslok.

01 083
KUNZE
100 Jahre Eisenbahn
WER

6 Dampflokbau von der Aktiengesellschaft

Die Wachstumsexplosion

Der deutsche, europa- und weltweite Bau inzwischen auch von Neben- und Kleinbahnen kannte in der Wachstumsphase 1880 bis 1914 keine Grenzen, ebenso die Lokomotivherstellung. Borsig hatte von 1841 an fünf Jahre, Egestorff von 1846 an zehn Jahre, Maffei von

1841 an elf Jahre und Henschel von 1848 an 17 Jahre gebraucht, um die jeweils ersten 100 Loks zu bauen und zu verkaufen. 100 Maschinen: Das war bei jedem dieser Hersteller ab etwa 1890 die Leistung nur einiger Wochen!

Die gesamte deutsche Lokindustrie baute bis 1860 etwa 2500 Loks. Borsig als anfänglicher Marktführer vergab 1870 seine Fabriknummer 2500, Henschel brauchte für diese Stückzahl fast 40 Jahre bis 1887, hatte als der sodann dynamischste Lokhersteller der Kaiserzeit die nächsten 2500 Loks anno 1899 fertig, weitere 2500 im Jahre 1907, die nächsten 2500 im Jahre 1910 und wiederum die nächsten 2500 im letzten Friedensjahr 1913. Der Beginn des Ersten Weltkriegs 1914 änderte die Lage grundsätzlich. Firmenübergreifende Zusammenarbeit trat an die Stelle von innovativer Konkurrenz; die Exportmärkte waren verschlossen. Abgeleitet von der Durchsetzung exakter Normen bei der Fertigung von Maschinengewehren, Geschützen und Munition wurde die Normung im Sinne der garantierten Austauschbarkeit aller Teile auch auf den Lokomotivbau angewendet. Die industrielle Fertigung siegte endgültig über handwerkliche Traditionen. Die Verlängerung und Intensivierung der Kriegsführung über jedes je geplante oder geahnte Maß hinaus generierte gegensätzlichen Lokomotivbedarf.

Für frontnahe Feldbahnen mit der Spurweite 600 Millimeter wurden riesige Zahlen kompakter Maschinen gebaut, für die uferlose Kriegswirtschaft im Heimat- und Besatzungsgebiet Großserien leistungsfähiger Güterzugloks.

Großindustrielle Produktion, aber noch keine Fließbandfertigung: Die Maschinenfabrik Esslingen baut um 1920 die im Ersten Weltkrieg entwickelte G 12.

Dampflokbau in Krieg und Krise

7

Die großen Umbrüche

Die im Waffenstillstand vom 11. November 1918 besiegelte Niederlage der Mittelmächte brachte eine neuerliche Umwälzung. Die Siegerstaaten verlangten die sofortige Herausgabe von 5000 Lokomotiven. Die bis 1920 noch amtierenden Länderbahnen und die in jenem Jahr gebildeten Reichseisenbahnen mussten für schnellen Ersatz und für die rasche Erneuerung des veralteten und abgenutzten Restbestands sorgen. Begünstigt durch den schnellen Währungsverfall in der beginnenden Inflation und mit dem Motiv der Schaffung von Arbeitsplätzen sorgte die Politik für einen unerhörten Aufschwung des Lokomotivbaus.

Ein gestelltes Foto: So viele Facharbeiter und Ingenieure werkelten bei Borsig in den frühen 1930er-Jahren nicht gleichzeitig am Bau einer 03.

Mit dem nur für wenige Stunden aufgetragenen hellen Fotografieranstrich wird 1933 die soeben fertiggestellte 03 140 beim symbolischen Verlassen der Werkshalle von BMAG gezeigt.

Zwischen 1920 und 1923 kamen etwa 5800 neue Dampflokomotiven auf deutsche Staatsbahngleise. Außerdem wurden private Kleinbahnen und ausländische Reparationsforderungen bedient. Neue Hersteller beteiligten sich am Geschäft, so die der Waffenproduktion beraubten Unternehmen Krupp und Rheinmetall sowie die AEG.

Firmensterben und Arbeitslosigkeit

Die Ernüchterung kam schnell. Die Straffung des Lokeinsatzes und des Ausbesserungswesens, die Beschleunigung der Güterzüge mit der durchgehenden Druckluftbremse und die Präsenz eines nun kräftig modernisierten Lokbestandes ließen den weiteren Bedarf zurückgehen; und die Weltwirtschaftskrise ab 1929 ließ ihn regelrecht einbrechen. Nun begann ein schnelles Sterben vieler – auch oben nicht erwähnter – kleinerer Hersteller. Das Traditionsunternehmen Borsig ging an die AEG über, Maffei musste mit Krauss fusionieren. Oben war von dreistelligen monatlichen Fertigungszahlen bei einzelnen Herstellern um 1900 die Rede. Drei Jahrzehnte später kaufte die Reichsbahn im ganzen Jahr wenig mehr als 100 Loks.

Dampflokbau in großer Masse und später Klasse

8

Letzte Anstrengung

Das Naziregime setzte auf Kraftverkehr, Autobahn und Luftfahrt. Nur zögernd intensivierten Reichsverkehrsministerium und Reichsbahn ab Mitte der 1930er-Jahre die Erneuerung des Lokomotivparks. Auf der Basis von Flugzeugen, Panzern und Lastkraftwagen schien Hitler dann auch den Blitzkrieg in alle vier Himmelsrichtungen schon fast gewonnen zu haben. Erst nach Kriegsbeginn 1939 wurde die Neulieferung schwerer Güterzugloks und – konstruktiv problematischer – Stromlinien-Schnellzugloks zahlenmäßig relevant. Als dann der im Juni 1941 halsbrecherisch begonnene Russlandfeldzug ein halbes Jahr später vor Moskau scheiterte, entdeckten »Führer« und Generalität plötzlich die elementare Bedeutung des Nachschubs auf der Schiene. Und weil Frostschäden der friedensmäßig ausgestatteten preußischen Länderbahnloks im Debakel des Dezembers 1941 eine bedeutende Rolle gespielt hatten, betrieb das anstelle des Verkehrsministeriums nun zuständige Rüs-

»ÜK« für »Übergangskriegslok« : mehr Symbolwirkung als realer Fortschritt auf dem Weg zur Massenfertigung von Kriegsloks. 44er auf dem Werkshof von Borsig 1942

Die 1950 vorgestellte Baureihe 82 der DB für schweren Rangier- und Steilstreckendienst war eine vollendete Konstruktion, doch kam sie im Schatten der Dieselkonkurrenz über 41 Exemplare bis 1956 nicht hinaus.

tungsministerium die Weiterentwicklung der robusten Baureihe 50 zu einer »entfeinerten« und rundum frostgeschützten »Kriegslok« 52. Alle Lokfabriken in »Großdeutschland« und in den besetzten Gebieten wurden eingespannt. Die bislang unübliche Fertigung kompletter Kessel und Tender durch externe Zulieferer glich Engpässe wegen Bombenschäden bei einzelnen Herstellern aus. Eine schwere Kriegslok 42 folgte. Damit stieg die Beschaffung der Reichsbahn von beispielsweise gerade einmal 119 Lokomotiven 1935 auf nie dagewesene 4537 im Jahr des »totalen Krieges« 1943. Eine Wende im damals längst verlorenen Krieg war damit freilich nicht mehr zu erzwingen.

Technisch vollendet – und gegen neue Technik chancenlos

Nach 1945 wurden in Ost und West viele ambitionierte neue Neubauentwürfe zu Papier gebracht. Die tatsächliche Fertigung in begrenzter Stückzahl diente in der DDR dringendem betrieblichem Bedarf, bei der Bundesbahn im Westen eher der Arbeitsmarktpolitik. Ab Mitte der 1950er-Jahre erlosch jedes Interesse der Bahnverwaltungen an neuen Dampflokomotiven. 1959 im Westen und 1960 im Osten endete ihre Herstellung, wenn man einmal von vereinzelten Exportprodukten und verwaltungsinternen als Umbau getarnten Neufertigungen absieht. Dem Elektro- und Dieselbetrieb gehörte die Zukunft.

Genial einfach

9 Funktionsweise der Dampflok

Vom physikalischen Grundprinzip der Dampfmaschine her ist ihre Wirkungsweise zunächst schlicht erklärt. In einem großen Ofen, fachsprachlich Feuerbüchse, verbrennt Kohle. Das heiße Verbrennungsgas strömt durch eine Vielzahl von Rohren durch den zylindrischen Langkessel in die Rauchkammer und entweicht durch den Schornstein. Durch die Feuerbüchswände und von den Rohren aus gibt das Gas Wärme an das umgebende Wasser im Kessel ab

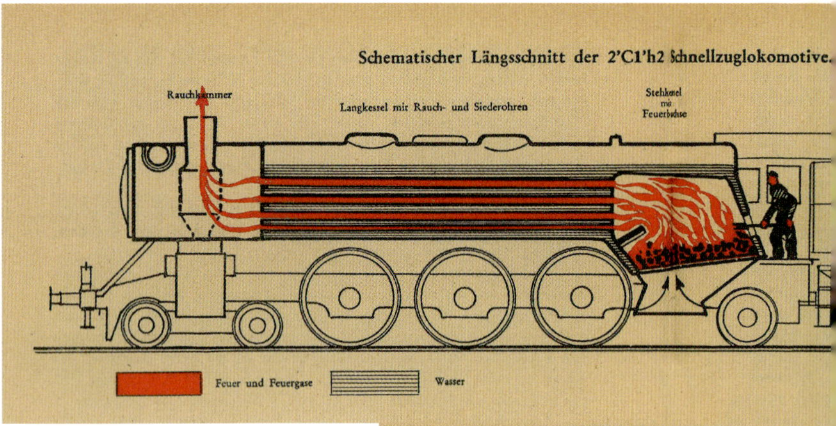

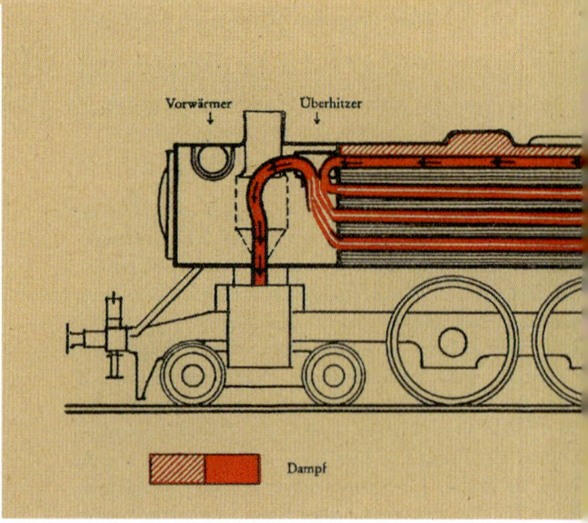

Prinzipskizzen aus einem Jugendbuch von 1952: Das Feuer erhitzt Wasser im Stehkessel rund um die Feuerbüchse. Das Rauchgas gibt Wärme an das Wasser im Langkessel ab. Der heißeste Dampf wird im Dom gesammelt, kehrt in dünnen Rohrschlangen nochmal in die Kesselrohre zurück, arbeitet als Heißdampf in den Zylindern und facht per Blasrohr das Feuer an.

und lässt es verdampfen. Während Wasser sich bei Erwärmung nur geringfügig ausdehnt, vervielfältigt sich sein Volumen bei Verdampfung, sodass sich im stählernen Kesselraum Druck aufbaut. Der heißeste Dampf steigt nach oben und wird von dort durch Rohre in Richtung Triebwerk geleitet. Eine nicht zu unterschätzende Aufgabe bei Maschinen aller Art ist die Dosierung der Energie. Man denke nur an den genialen Mechanismus der Hemmung in allen per Handaufzug oder Zuggewicht arbeitenden Uhren. In der Dampflokomotive ist es die per Gestänge vom Triebwerk abgeleitete Steuerung, die nach Öffnung des Reglers durch den Lokführer abwechselnd auf die eine oder die andere Seite des Kolbens Dampf in den Zylinder strömen lässt, und zwar in der entsprechend dem betrieblichen Bedarf vom Lokführer bestimmten Menge. Der Kolben bewegt über die mit ihm starr verbundene Kolbenstange die Treibstange, mit der die Hin- und Herbewegung in die rotierende Bewegung des Rades umgewandelt wird. Um einen toten Punkt auszuschließen, ordnet man die Treibzapfen an den Rädern rechts und links um 90 Grad versetzt an. Mittels Kuppelstangen überträgt man diese Rotation auf weitere Radsätze. Soweit, so einfach eigentlich

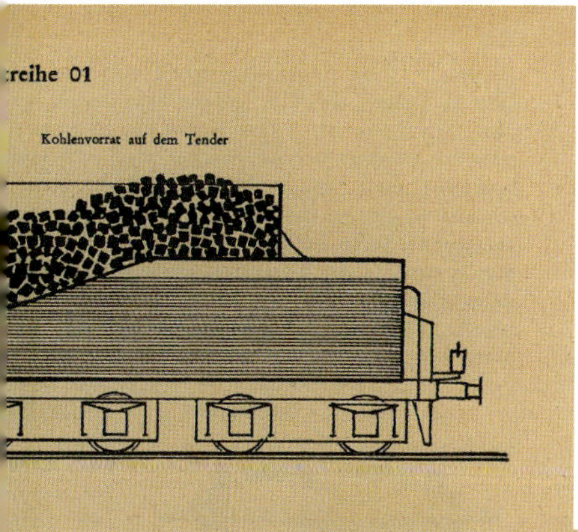

Einfach genial

Funktionsweise der Dampflok

10

Was macht man nun mit dem Abdampf, der nach seiner bestimmungsgemäßen Entspannung die Zylinder verlässt, und zwar immer noch ziemlich kraftvoll, weil der Frischdampf auf der anderen Seite des Kolbens ihn austreibt? Man lässt ihn – genau seit Stephensons ROCKET 1829! – nicht einfach ins Freie strömen, sondern schickt ihn durch das Blasrohr – sagen wir einmal: durch eine Düse – in die Rauchkammer, jenen schon erwähnten Vorderraum des Kessels, in dem aus den Rohren das abgekühlte Rauchgas ankommt.

Und wenn der Abdampf nun aus dem Blasrohr senkrecht nach oben durch den Schornstein gejagt wird, reißt er so viel Luft und Rauchgas mit, dass in der Rauchkammer ein Unterdruck entsteht. Der saugt nun wiederum Rauchgas aus der Feuerbüchse an, erneut mit der Folge vermehrten Zuges von Frischluft durch Aschkasten und Rost in die Feuerbüchse, der nach Erfahrung jedes Grill-Hobbykünstlers das Feuer anfacht. Das ist nun schon ein genialer Mechanismus! Wann immer die Maschine beim Anfahren oder auf einer Steigung mehr Dampf verbraucht, facht sie ganz automatisch selbst das Feuer verstärkt an; wenn hingegen beim Abbremsen in

Geschnittene Lokomotive von Maffei

Forschung steigert Leistung

Leider unterschätzten die Konstrukteure bis ins 20. Jahrhundert hinein die Physik der Dampf-, Rauchgas- und Luftströme. Sie widmeten sich mit größter Akribie der Bemessung von Zylindern und Rädern und vernachlässigten die Größe der Luftklappen im Aschkasten und das Zusammenspiel von Blasrohr und Schornstein. In diesen Bereichen konnten der Franzose André Chapelon in den 1930er-Jahren und der Österreicher Adolph Giesl-Gieslingen noch in den 1950er-Jahren der Dampflokomotive mit mäßigem Investitionsaufwand beachtliche Leistungszuwächse erzielen.

den Bahnhof hinein oder bei Bergabfahrt der Regler geschlossen wird, werden das Feuer und damit die Dampfproduktion genauso automatisch gemäßigt.

Ein knappes Jahrhundert Blasrohrfortschritt von der bayerischen B IX (links) bis zur Güterzuglok in Ghana, die 1955 mit einem »Giesl-Ejektor« aus Österreich optimiert wird.

Stahlglänzendes Stangenspiel

11

Steuererklärung

Bei den stationären Dampfmaschinen des 18. Jahrhunderts erledigten jugendliche Arbeiter das regelmäßige Öffnen und Schließen der Frisch- und Abdampfventile. Alsbald waren sie findig genug, um der Maschine selbst mittels Seilzügen die Betätigung zu überlassen. Die Firma war dankbar – und die Arbeitsplätze waren weg. Selbstverständlich besorgte die Lokomotive die wechselweise Beaufschlagung der vorderen und hinteren Seite des Kolbens im Zylinder schon automatisch. Nur in der Anfangszeit ließ man die Maschine immer mit dem vollen Kesseldruck arbeiten. Bald ging man dazu über, pro Kolbenhub nur kurzzeitig Dampf eintreten zu lassen und die Dampfmenge im Zylinder expandieren zu lassen.

Expansion im Zylinder

Die Steuerung sorgt also mit dem Schieber im Schieberkasten nicht nur für den Wechselrhythmus des Dampfeintritts, sondern der Lokführer kann zwischen einer längeren Schieberbewegung – bedeutet mehr Zeit für den Dampfzutritt – oder einer kürzeren Schieberbewegung – sparsamer kürzerer Zutritt – wählen. Diese Innovation wurde als so bedeutend erkannt, dass eine im Jahr 1843 für die Badischen Staatsbahnen gebaute Lokomotive den Ehrennamen EXPANSION erhielt. Die Anfahrt aus dem Bahnhof oder die Steigung werden mit großer »Füllung« bewältigt, bevor bei stabiler Fahrt die Steuerung »zurückgenommen« wird.

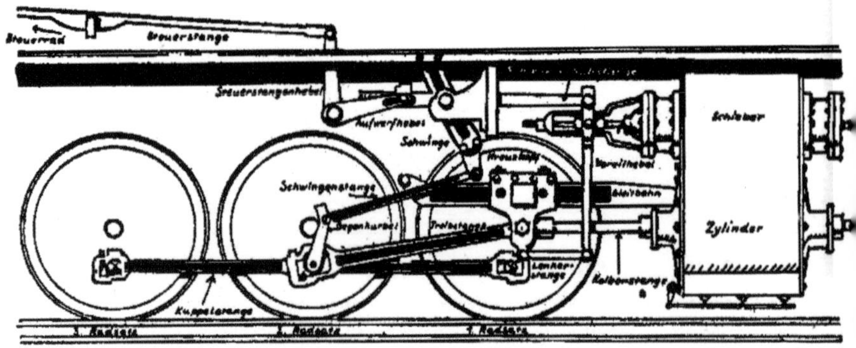

Mechanik vom Führerhaus bis zum Schieberkasten

Betätigt wurde die Steuerung anfangs mit einem Hebel, im 20. Jahrhundert per Handrad und Gewindespindel. Mit Hebel bzw. Handrad entscheidet der Lokführer im Übrigen auch über Vorwärts- und Rückwärtsfahrt beiderseits der für abgestellte Loks vorgeschriebenen Null-Stellung. Lokführer und Ingenieure konnten sich die Köpfe darüber heißreden, ob ein Fahren überhaupt nur mit der Steuerung bei ständig geöffnetem Regler Vorteile an Verbrauch oder Leistung bringt. Die Einstellbarkeit der Steuerung machte einen vielteiligen Mechanismus zwischen der Gegenkurbel am Treibrad und der Schieberstange notwendig. Im 20. Jahrhundert setzte sich die Bauart Heusinger (im Ausland meist nach dem gleichzeitig tätigen belgischen Erfinder Walschaerts benannt) durch, bei der eine Schieberschubstange stufenlos zu frei gewählten Angriffspunkten oberhalb und unterhalb des Drehpunkts der Schwinge gehoben oder abgesenkt werden kann. Im Schieberkasten (einst wirklich ein Kasten!) öffnete und schloss zu Nassdampfzeiten ein Flachschieber die Öffnungen zum und vom Zylinder. Im 20. Jahrhundert setzten sich die beiden Kolbenschieber auf der Schieberstange im zylindrischen Schieberkasten durch. Hubventile für den Dampfein- und austritt bewährten sich nicht endgültig.

Die Bewegungen des Steuerungsgestänges gehören zu den optischen Reizen der Dampfloktechnik: Sonnenlicht auf der Heusinger-Steuerung einer preußischen G 10

Schwarze Magie

12

Kohle und Rauch

Wir haben die Dampflokomotive als Kind des Kohlezeitalters kennengelernt und bilanzieren über 220 Jahre, dass Steinkohle ihr vorrangiger Brennstoff blieb. Grenzwertig blieb die Verwendbarkeit von Rohbraunkohle, mit der insbesondere in der frühen DDR Zugläufe gestört und Heizer überfordert wurden. Allein schon der hohe Wassergehalt begrenzte ihre Eignung. Etwas besser fuhr man mit Briketts aus getrockneter und gepresster Braunkohle. In Frankreich nach dem Zweiten Weltkrieg beginnend, in beiden Teilen Deutschlands ab Mitte der 1950er-Jahre und schließlich in der Tschechoslowakei ging man für eine Anzahl höchstbelasteter Maschinen auf eine Feuerung mit Schweröl über. Maßgeblich hierfür waren betriebliche Anforderungen, die mit manueller Kohlefeuerung nicht mehr zu erfüllen waren oder mindestens jeden Heizer überlastet hätten.

Man verbindet die Dampflokomotive oftmals mit der schieren Sonnenfinsternis aufgrund gigantischer schwarzer Rauchwolken. Indes: Der aus vollständiger Verbrennung von Steinkohle unter ausreichendem Luftzutritt entstehende Rauch ist ein fast farbloses Gas, in dem zwar das klimaschädliche CO_2 enthalten ist, das aber niemandem die Sicht nimmt. Für Verschmutzung und Belästigung sind die mit dem Rauch ausgestoßenen Mengen an Ruß, Kohlenstaub und Asche maßgeblich, alles übrigens Grobstaub und nicht Feinstaub. Auf Fotos von einstigem Dampfbetrieb sehen wir kaum je schwarze Wolken, weil sie als Kunstfehler abseits professioneller Heiztechnik galten. Bedauerlicherweise lassen sich Personale heutiger Museumsloks unter dem Gebot dramatischer Bildmotive zu Qualm-Exzessen verleiten, die für die einstige betriebliche Wirklichkeit nicht repräsentativ sind und unnötig den Ruf der Maschinen als »Dreckschleudern« verfestigen.

Der Heizer der 65 1011 fährt am 21. März 1976 auf der Steigung von Paulinzella nach Singen (Thüringen) wohl nach einem zu strengen Reinheizgebot.

Wasser wird Wolke

13

Namensgeber Dampf

Wasser in verschiedenen Aggregatszuständen treibt unsichtbar und umgibt sichtbar die 99 7247 bei ihrer Fahrt auf den Brocken am 27. Februar 2016.

Der Lokomotivbetrieb erforderte im mittleren 19. Jahrhundert eine bislang unbekannte Wasserlogistik. Noch gab es ja nicht die unendlichen Leitungsnetze bis in jeden Haushalt. Es galt, im Umfeld der Bahnhöfe Quellen anzuzapfen und Brunnen zu graben. Weil mit deren Ergiebigkeit die Füllung eines Tenders Stunden gedauert hätte, ging man dazu über, das Wasser rund um die Uhr aus einer Hochquellenleitung oder mit einer dampfbetriebenen Pumpe auf die Höhe eines Wasserturms zu bringen, von dem aus dann der nötige kräftige Strahl zu gewinnen war. Ingenieure und Architekten gestalteten Wassertürme zu Denkmälern des Eisenbahnzeitalters. Man sah Kugelbehälter auf riesigen Stahlgerüsten und historisierende Bauwerke aus Ziegel- oder Naturstein mit der Krönung durch einen ummauerten oder frei sichtbaren Behälter. Im 20. Jahrhundert folgten Betontürme. Aus dem Wasserturm strömt das kostbare Nass durch die Rohrleitung in den Wasserkran, dessen Schwenkarm der Betriebsarbeiter oder der Lokheizer über die Füllklappen des Tenders ziehen kann. Eine Errungenschaft des 20. Jahrhunderts war die Beigabe von Chemikalien zur Bindung des Kalks. Die so entstehenden Mischungen wurden durch ein Ventil aus dem Kesselboden abgelassen.

Wasserdampf

Jenes energiegeladene Medium, dem die Dampflokomotive ihren Namen verdankt, hat niemand je gesehen, denn Wasserdampf ist ein durchsichtiges farbloses Gas. Was wir hingegen bei niedrigen Außentemperaturen über dem Schornstein sehen, ist das Kondensat des Dampfes in Gestalt jenes weißen Nebels, der uns in augenblicklicher Betrachtung und auf dem Foto verewigt als Inbegriff der Ästhetik des Lokomotivbetriebs gilt. Das Zusammenspiel schwerer schwarzer Technik und flüchtig-schwerelos weißer Wolke ist das Bildmotiv mit unerschöpflich reizvollen Kontrasten.

Schnaufen? Fauchen?

14

Versuch einer verbalen Hörschule

Natürlich gibt es keine »Lügenpresse«. Ein tatsächliches Medienproblem ist die gut gemeinte, aber in Detail oder Begriffswahl oftmals unscharfe Annäherung an alltägliche Sachverhalte. Der auf der Museumsbahn wie auch in historischen Filmen durchaus noch hörbaren Dampflokomotive werden Lautmalereien untergejubelt, die mit ihrer tatsächlichen Akustik wenig zu tun haben. Wenn sie abfährt und beschleunigt, ist das Grundgeräusch kein »Schnaufen«, sondern ein ansteigender rhythmischer Trommelwirbel von vier Auspuffschlägen pro Radumdrehung aus Blasrohr und Schornstein. Zu einem Stakkato steigert er sich, wenn die Maschine auf Regennässe oder Ölfilm ins »Schleudern« gerät, die Treibräder also auf der Schiene durchdrehen. Das sollte zur Schonung des Triebwerks vermieden oder schleunigst beendet werden.

Zischen bei der Anfahrt, pfeifen bei Gefahr

Ein zischendes Nebengeräusch entsteht, wenn der Lokführer für die Anfahrt die Zylinderhähne öffnet, um das an der Basis der Zylinder angesammelte Kondenswasser abzulassen. Nach dem Schließen der Hähne hören wir aber wieder die ungestörte und auf der freien Strecke gleichmäßig schnurrende Folge der Auspuffschläge. Sobald der Lokführer bei Annäherung an eine Station oder in einem Gefälle den Regler schließt, entfällt das Maschinengeräusch, und man hört nur noch das Rollen des Fahrzeugs.

Nicht zum Spaß fürs Publikum ist die selten bediente Pfeife bestimmt. Und wenn Sie in der weiteren und engeren Fachwelt nicht jede Anerkennung verlieren wollen, dann nennen Sie bitte deren Ton einen Pfiff und überlassen das »Hupen« den Autos und das »Tuten« den Schiffen.

Ruhiges Atmen, lautes Niesen

Der auf dem Bahnsteig wandelnde oder stehende Fahrgast oder der Besucher im Lokschuppen hört im Übrigen die Arbeitslaute der Luft- und der Speisepumpe mit mehr oder weniger häufigen Kolbenschlägen und gemächlichen Ansauggeräuschen. Diese »Atmung« gehört zu den Phänomenen, mit denen uns die Dampflokomotive im Ruhezustand an ein im Schlaf seufzendes Tier erinnert. Einen wahren Kanonenschlag hält die Lok zum allseitigen Schrecken bereit, nämlich das Anspringen des Sicherheitsventils, wenn es sich um die Bauart »Ackermann« handelt.

Über dem Steinkohletagebau von Sandaoling in China hörte man am 13. Januar 2014 kein Schnaufen oder Fauchen oder Zischen, sondern den scharf akzentuierten Auspuffschlag einer 1'E1'.

Woraus das Dampfross besteht

Ein Kapitel von Metall

15

Wir erkannten die Entstehungsbedingungen von Eisenbahn und Lokomotive im epochalen Übergang zum Werkstoff Stahl. Hieraus besteht denn auch weitestgehend die Dampflokomotive, übrigens im Kontrast zu den Wagen noch im ganzen 19. Jahrhundert. Sie waren bis auf wenige Elemente des Laufwerks gänzlich aus Holz bzw. im Fall der Personenwagen auch aus imprägnierter Leinwand und Leder gebaut.

Kostbare Arbeit mit kostbarem Kupfer

Ein komplexes Bauteil war die vom Kesselwasser umgebene Feuerbüchse, die in älterer Zeit aus Kupfer gefertigt wurde, weil dieses die Wärme optimal leitet. Versierte Handwerker gaben dem angewärmten Metall mit dem schweren Holzhammer die Umbüge für die Ecken des Stehkessels. Beim Rückblick auf solche Kunstfertigkeiten erkennen wir die Grenzen der heutigen betriebsfähigen Erhaltung. Lebendige Routine mit solcher Feinarbeit gibt es nicht mehr. So besitzen denn auch die heute fahrfähigen Lokomotiven aus Zeiten vor dem Ersten Weltkrieg inzwischen die Stahlfeuerbüchse, die schon in der Zwischenkriegszeit aus Kostengründen bei Neubauten üblich wurde.

Die Rahmenwangen konnten als leiterartige Elemente geschmiedet oder auch – einfacher – aus dicken Walzblechen geschnitten werden. Die Achswellen und alle Stangen des Triebwerks und der Steuerung brachte man mit riesigen Schmiedehämmern in ihre annähernde Form und bearbeitete sie anschließend mit Drehbank bzw. Fräsmaschine. Die Zylinderblöcke (einschließlich Schieberkästen) und die Radkörper werden gegossen. Der Langkessel wird aus großen Blechplatten zusammengebogen. Die komplizierten Partien des Stehkessels mussten geschmiedet werden. Bis nach dem Zweiten Weltkrieg wurde der Kessel zusammengenietet. Erst bei Neubauloks und Ersatzkesseln der 1950er-Jahre wagte man die vollständige Schweißung. In tausenden Kesseln vorhandener Lokomotiven wurden nachträglich die Stehbolzen eingeschweißt und die Übergänge von der Feuerbüchse in die Rohre mit Schweißung fixiert. Damit verschaffte man den alten Kesseln erstaunliche Gewinne an Stabilität und Verdampfungsfreude. Kesselbekleidung, Umläufe, Tenderwände usw. sind einfache Zuschnitte aus Blech. In vielerlei Armaturen stecken wertvolle Buntmetalle, in den Achs- und Stangenlagern weiches Weißmetall.

Schwere und gefährliche Arbeit veredelte die glühenden Brammen in Rahmenwangen, Radsatzwellen oder Treibstangen.

Die alten Farben

16

Grün und Glanzmetall

Für die maschinellen Qualitäten der Dampflokomotive war ihre äußere Erscheinung unmaßgeblich. Aber für ein Königreich Bayern oder Württemberg oder eine Aktiengesellschaft war jede neue Lokomotive ein teures Investitionsgut, das die leitenden Herren mit einem repräsentativen Erscheinungsbild vorführen wollten. Ohne zwingende Gründe bevorzugten fast alle kontinentaleuropäischen Staats- und Privatbahnen eine Lackierung in Grün. In Kombination mit roten oder gelben Zierstreifen, blankem Messing, ölig glänzendem Stahl und der tiefen Schwärze von Rauchkammer und Schornstein ergaben sich attraktive Gestaltungen.

Museums- und Modelleisenbahner bemühen sich um den jeweils genau »richtigen« Grünton für die Lokomotiven von vor 1914 – und finden den bunten Stein der Weisen nicht. Wir müssen uns vor die farbkritischen Augen führen, dass es seinerzeit noch keine Normen für mineralische und organische Bestandteile von Lackfarben gab. So konnte innerhalb dersel-

Fahrwerk rot, Zylinder, Langkessel, Führerhaus und Tender grün, Rauchkammer schwarz: Preußische Norm hier am Beispiel einer S 10^2 von Hanomag aus dem Jahr 1914

Die künstlerische Impression der in die Glanzzeit vor dem Ersten Weltkrieg fahrenden S 3/6 enthält einen fachlichen Fehler: Bei den bayerischen Staatsbahnloks waren auch die Räder grün.

ben Baureihe eine Serie mit hellem Froschgrün und die nächste mit dunklem Moosgrün das Herstellerwerk verlassen. Noch heute nicht endgültig überwunden und erst recht damals relevant war die mangelnde Alterungsbeständigkeit der Farben. Sonne, Regen, Korrosion, Hitze, Ruß und Schmieröl variierten den anfangs reinen Ton zu Varianten zwischen Grau-Grün, Oliv, Braun und fast Schwarz. Erinnerungen von Zeitzeugen konnten trügerisch sein, weil Spiegelungen aus der Umgebung verschiedenste Effekte erzeugen konnten.

Keine Extravaganzen!

Eigentlich hätte man ja herausragende Schnellläufer auch einmal mit blauem oder weinrotem Lack veredeln können. Aber eine in Deutschland herrschende Mentalität siedelte das Eisenbahnwesen zu Kaisers Zeiten in der Nähe militärischer Strenge an und verwahrte sich gegen »Spielereien«. So fuhren denn die grünen Lokomotiven der Länderbahnen in den Ersten Weltkrieg und kehrten mit verblichener Pracht in die (feld-)graue Niederlage zurück.

Vertraut im 20. Jahrhundert

17

Schwarz-Rot-Norm

Die für das Maschinenwesen zuständigen Gremien der 1920 gebildeten Deutschen Reichsbahn orientierten sich eher an Zweckmäßigkeit als an Werbewirksamkeit und verordneten der Lok ein schwarzes Gewand, das optisch gegen eine Verschmutzung durch Kohlenstaub und Ruß immun ist. Rahmen, Pufferträger und Räder sowie die Einkehlungen in den Stangen von Triebwerk und Steuerung wurden rot lackiert, und zwar nicht wegen des dekorativen Kontrasts, sondern zur besseren Erkennbarkeit betriebsgefährlicher Risse, die sich in der roten Fläche schwarz abzeichnen. Elektrische Elemente wurden gelb hervorgehoben.

Dieses Konzept galt für die neuen Einheitslokomotiven und wurde im Laufe routinemäßiger Ausbesserungen auf den vorhandenen Bestand angewendet. Ausnahmen blieben selten. Die drei Schnellfahrversuchslokomotiven der Baureihe 05 aus den Jahren 1935 und 1937 erhielten weinrote

Schwarz und rot: 10 001 gehört als eines von nur zwei Exemplaren der letzten Dampflok-Neukonstruktion der DB zu den Schätzen des Deutschen Dampflokmuseums in Neuenmarkt.

Die rote Lackierung des Pufferträgers warnt Eisenbahner im Gleis. Die museal aktive 38 1301 fährt im August 2016 von Augsburg zum Ammersee.

Stromlinienverkleidungen. Zu den schon im Krieg abgelieferten Serien-Stromlinienloks 01^{10} und 03^{10} entwickelten Grafiker und Modellbahnhersteller so manche Fantasie in Grün, Rot und Blau, doch die Wirklichkeit war nüchtern: schwarz!

Selten: Grauer und Grüner Star

Mancher Irrtum ist auf den sogenannten Fotografieranstrich zurückzuführen. Im Sinne besserer Tiefenzeichnung auf Schwarz-Weiß-Fotografien versahen die Herstellerwerke neue Baumuster mit einem hellgrauen wasserlöslichen Anstrich, der aber noch vor Indienststellung abgewaschen wurde. Stahlgrau fuhren dann die Kriegslokomotiven des Zweiten Weltkriegs vor die Kameras der Kino-Wochenschau. Motiv hierfür war nicht die Tarnung, sondern das propagandistische Motiv einer militärischen Sinngebung. Und wenn wir dann noch kurzlebige Versuche der jungen Bundesbahn mit blauen Lokomotiven und zwei grüne Schnellfahrloks der DDR-Reichsbahn erwähnen, haben wir dieses in Deutschland nicht sehr bunte Kapitel auch schon abgeschlossen, freuen uns aber auf Farbe anderswo!

Edle Schwärze, bunter Lack

18

Farbe international

Die kaiserlich-königlichen Staatsbahnen Altösterreichs vor 1914 gaben ihren Lokomotiven ein technisch akzentuiertes Erscheinungsbild mit glänzend schwarzen Lackflächen und Akzenten in Stahl und Messing. Am meisten Mut zur Farbe zeigten in Kontinentaleuropa die Tschechoslowakischen Staatsbahnen, die sich schon in der Zwischenkriegszeit für Form- und Farbgebung ihrer Neukonstruktionen künstlerisch beraten ließen und bei ihrem ambitionierten späten Bauprogramm ab 1948 geradezu spielerisch die Nationalfarben blau, rot und weiß einsetzten. Mit einer gewissen Beklemmung sehen wir diese dekorative Lebendigkeit genau in den Jahren, in denen das stalinistische Regime im Land besonders grausam wütete. So mancher Fahrgast fuhr hinter einer bunten Neubaulok in die Zwangsarbeit.

Singvögelbuntheit auf der Insel

Weltweit beispiellos war die Farbenpracht bei den vielen Privatbahnen, die sich in ganz Großbritannien von 1830 bis 1948 das Verkehrsgeschäft teilten. Hier herrschten Wettbewerb und Ehrgeiz. So gab es denn von Giftgrün bis Dunkelviolett, von Nachtblau bis Zitronengelb, von Weinrot bis Moosgrün, von Ocker bis Himmelblau, von Steingrau bis Tiefschwarz und von Silberglänzend bis Dunkelbraun wirklich keine Farbvariante, die nicht irgendwann einmal zur Anwendung gekommen wäre, und all das wiederum kombiniert mit weißen, gelben oder roten Zierleisten, glänzendem Messing, blank geschmirgeltem Stahl, tiefschwarzen Rauchkammern und Schornsteinen. Mit ein wenig Sozialkritik darf angemerkt werden, dass sich die Aktionäre und Geschäftsführer gewiss nicht um den tagtäglichen Aufwand einer Heerschar von Reinigungskräften scherten, die all solche Buntheit gegen Ölflecke, Ruß, Asche und Kohlenstaub verteidigen mussten.

Ansichtskarten aus dem Märchenland der britischen Lokomotivgeschichte! Lokomotiven wie die »Single« der Caledonion Railway mit einem Treib- und drei Laufradsätzen gab es auf dem Kontinent genauso wenig wie die gelbe Lackierung der Highland Railway. Fantastisch schön sind die blaue »Coronation« der London-Midland-Scotland von 1937 und exotisch die goldene GLADSTONE der London Brighton and South Coast von 1882. Und auf dem Kontinent unvorstellbar war der Bau einer 2'B wie der grünen Schönheit 11 F der Great Central noch 1919.

CALEDONIAN RAILWAY
4-2-2 LOCOMOTIVE AND TENDER No. 123

LONDON, MIDLAND AND SCOTTISH RLY
CLASS 7P (CORONATION) No. 6221 "QUEEN ELIZABETH". BUILT 1937. DESIGNED BY SIR WILLIAM A. STANIER, F.R.S.

GREAT CENTRAL RAILWAY
CLASS 11F No. 506 "BUTLER-HENDERSON". BUILT 1919. DESIGNED BY J. G. ROBINSON

Schwerer Maschinenbau

Die großen Organe

19

Rückgrat der Lok ist der Rahmen, wahlweise aus starkem Blech geschnitten oder in ganzer Länge geschmiedet. An ihm hängt die Identität der Lokomotive. Man konnte Kessel, Radsätze, Zylinder usw. vielfach austauschen, doch mit dem beispielsweise von Borsig 1932 unter der Fabriknummer 14415 gefertigten Rahmen blieb das wechselnd konfigurierte Fahrzeug über mehr als vier Jahrzehnte immer die 03 071. Der Rahmen mit seinen beiden mehrfach querversteiften Wangen ruht per Ausgleichshebeln und Blattfedern auf den Radsätzen, die aus Achswellen und gegossenen Rädern bestehen, die wiederum von geschmiedeten Radreifen umschlossen sind. Auf den Rahmen gebaut ist der Kessel, vorne fest mit ihm verbunden, nach hinten wegen der wärmebedingten Längenausdehnung etwas verschiebbar. Beiderseits des Rahmens sehen wir vorne die mächtigen Stahlgusskörper mit den für die Dampfverteilung maßgeblichen Schieberkästen in der oberen und den Zylindern in der unteren Hälfte. Aus der Stopfbuchse des Zylinderdeckels ragt die Kolbenstange. Für ihre exakt waagerechte Führung sorgt der markante Kreuzkopf. Die Treib- oder Pleuelstange verwandelt die Hin- und Herbewegung der Kolbenstange in die Rotation des Rades. Vom Treibrad abgeleitet bewirkt das faszinierende Gestänge der Steuerung die Hin- und Herbewegung des Schiebers im Schieberkasten.

Räder als Füße, Rahmen als Wirbelsäule, Kessel als Lunge: Anatomie der Dampflok!

Die Verteilung der Arbeitsplätze auf der Lok unterlag gegensätzlichen nationalen Traditionen. In Deutschland und Österreich stand und saß der Lokführer rechts, in Frankreich und Großbritannien links. Bei deutschen Loks, die infolge des Ersten Weltkriegs nach Frankreich kamen, wurde die Steuerung auf die linke Seite verlegt. Ergonomisch ist der Platz auf der linken Seite für den (rechtshändigen) Heizer günstiger.

Raffinierte Mechanik

20

Die kleinen Organe

Lokomotiven des 19. Jahrhunderts zeigten einen in edler Glätte schimmernden Kessel, an dem das Namensschild der Maschine einen würdigen Platz fand. Eine ausgefeiltere Technik bestückte die Außenhaut mit immer weiteren Baugruppen zugunsten von Wärmewirtschaft, Luftdruckbremse und Beleuchtung. Der Kessel benötigt naturgemäß fortwährend neues Wasser. Der Betrieb der Lokomotive ist nur erlaubt, wenn zwei Speiseeinrichtungen unabhängig voneinander funktionieren. Dies sind im modernen Zeitalter jedenfalls in deutscher Üblichkeit Speisepumpe und Injektor.

Dampfmaschinen auf der Dampfmaschine

Die Speisepumpe ist eine senkrecht stehende Kolbenpumpe, die mit Maschinendampf Wasser in den Kessel presst. Vorgeschaltet ist ihr ein Vorwärmer, meist ein kleiner Röhrenkessel, in dem eine Mischung von Maschinenabdampf, Abdampf aus den Hilfsbetrieben und Frischdampf das Speisewasser erhitzt. Fast ohne bewegliche Teile leitet der Injektor einen aus dem Kessel bezogenen Dampfstrahl so listig durch ein System unterschiedlicher Querschnitte, dass der übertölpelte Dampfstrahl dann mit einer reichlichen Ladung Frischwasser in den Kessel zurückkehrt! Ähnlich wie die Speisepumpe sieht die meist auf der anderen Maschinenseite angeordnete Luftpumpe aus, die der Druckluftbremse von Lok und Zug ebenfalls per Kolbenhub die notwendige komprimierte Luft verschafft. Mitte der 1920er gönnte man der Lokomotive eine Stromversorgung für die Signallaternen auf dem Pufferträger, für die Triebwerksbeleuchtung und die Beleuchtung der Instrumente im Führerstand. Den Strom erzeugt ein Turbogenerator auf dem Scheitel der Rauchkammer. Die Notwendigkeit von Kabeln, Rohrleitungen, Ventilen und Steuerwellen für diese Hilfsbetriebe liegt auf der Hand – bzw. auf dem Kessel.

Vorwärmer, Speisepumpe, Luftpumpe, darüber Sanddom, Dom für die Gegendruckbremse, Sicherheitsventile und Pfeife: immer viel Arbeit für das Personal der 18 323, einer der schnellsten deutschen Dampfloks.

Kohle, Hitze, Druck

Zentralorgan Kessel

21

Optisch wie technisch organisiert sich die gesamte Lokomotive um den Kessel herum, in dem die Umwandlung der seit Jahrmillionen in der Kohle gespeicherten chemischen Energie in den maschinell nutzbaren Dampfdruck erfolgt. Schon erwähnt ist die vom Führerhaus aus mit Kohle beschickte Feuerbüchse. Sie ist seitlich und oben von einem Wasserraum mit druckfesten Wänden umgeben. Hunderte von »Stehbolzen« und mehrere »Anker« fixieren den allseitigen Abstand zwischen der Feuerbüchse und diesen Wänden. Das konstruktiv anspruchsvolle System aus Feuerbüchse und Außenwänden samt Stehbolzen, Feuertür und Rost heißt Stehkessel. Unter dem Rost ist der Aschkasten angebracht. Im 20. Jahrhundert erleichterte ein Kipprost die Ausräumung der Schlacke dorthin. Durch 100 bis 170 Bohrungen in der Vorderwand der Feuerbüchse strömen die heißen Verbrennungsgase in die Rohre des zylindrischen Langkessels. Aus der Feuerbüchse und aus den Rohren geht die Wärme in das umgebende Wasser über und führt zur Erzeugung von Dampf, der in Blasen aufsteigt. Selbstverständlich war die Druckfestigkeit des Kessels bei den Fertigungsmethoden und Stahlqualitäten des 19. Jahrhunderts eine große Herausforderung. Man arbeitete sich von 5 bis 12 bar voran. Im 20. Jahrhundert wurden 14 und schließlich 16 bar üblich. Mit wärmewirtschaftlich zweifellos wünschenswerten 18 oder 20 bar wurde man jedenfalls in Deutschland auf Dauer nicht glücklich.

Leistungskennzahl Heizfläche

Die Gesamtheizfläche von Rohren und Stehkessel variiert zwischen 50 Quadratmetern bei kleinsten Tenderloks und 300 Quadratmetern bei schwersten Streckenloks. Die Leistungsfähigkeit des Kessels bemisst man anhand der in Kilogramm bestimmten Wassermenge, die pro Quadratmeter Heizfläche in einer Stunde verdampft werden kann. Man

Stehbolzen fixieren die Feuerbüchse im Stehkessel, Nietreihen begleiten den Langkessel. Oben in der Rückwand sehen wir den Reglerhebel und die Anschlüsse für die Wasserstandsgläser.

erhob in der Reichsbahnzeit 57 Kilogramm zur Norm, schaffte aber bei optimierten Konstruktionen – weitgehend im Ausland – auch 80 bis manchmal über 100 Kilogramm.

Vorne enden die Rohre wiederum in einer Rohrwand. Davor liegt die vom Dampfdruck unbelastete Rauchkammer, von der aus das Rauchgas durch den Schornstein ausströmt bzw. wie dargestellt vom Maschinenabdampf ausgetrieben wird.

Oben auf der Dampflokomotive

Die Kesselaufbauten

22

Von einer Fußgängerbrücke im Bahnhof aus sehen wir auf dem Kesselscheitel vor dem Führerhaus zunächst das für einen Druckbehälter unabdingbare Sicherheitsventil. Es ist so eingestellt, dass es bei Überschreitung des zulässigen Kesseldrucks »abbläst« – auch wenn der Kessel in der Fabrik oder im Ausbesserungswerk einem höheren Prüfdruck standgehalten hat. Die Dampfpfeife dient zur Warnung, zum Beispiel von Rangierern in Gleisnähe oder vor

Ganz vorne, ganz oben: Glocke und Kamin

Lokomotiven für regelmäßigen Dienst auf Neben- oder Kleinbahnen besaßen auf der Rauchkammer ein mit Druckluft, seltener mit Dampf betriebenes Läutewerk. Das Schild »LP« neben dem Gleis gebot »Läuten und Pfeifen« an ländlichen Wegübergängen, »LL« gar das »Durchläuten« auf einer unübersichtlichen Passage. Prozesse von Anwohnern gegen das Läuten sind nicht bekannt geworden. Wenn wir auf dem Bild einer großen Hauptbahnlok ein Läutewerk erkennen, dann wissen wir, dass die Fahrplangestaltung in den Schnellzuglauf einen Nebenbahnabschnitt eingebaut hatte – oder dass die einst stolze Maschine jetzt zu provinziellen Diensten degradiert war. Und selbstverständlich krönte der Schornstein – aus Stein war er nie – die Rauchkammer. Bei manchen Loktypen war er mit glänzenden Ringen oder einer Krempe verziert. Eine österreichische Spezialität war der als »Kobel« bezeichnete ausladende Funkenfänger.

Der in die Rauchkammer eingelassene Vorwärmer, die Glocke, der Turbogenerator, die Windleitbleche und der Schornstein krönen den Kessel der 50er. Auf der 064 094 sehen wir Schornstein, Glocke, Speisedom, Sanddom, Dampfdom mit Pfeife und Sicherheitsventil.

unbeschrankten Bahnübergängen. Die Pfeife betätigte der Lokführer auch, um vor einem Haltsignal den Fahrdienstleiter im nahen Stellwerk um Freigabe der Strecke zu bitten. Klar, waagerechter Signalflügel oder rotes Licht konnten betrieblich bedingt sein – aber der »süße Schlummer« auf dem Stellwerk kam auch vor.

Weiter nach vorne folgen auf dem Kesselscheitel einige kuppel- oder kastenförmige Aufbauten. Einer davon ist der Dampfdom zur Sammlung des heißesten Dampfes. Ein oder zwei Aufbauten enthalten Sand, der bei Schleudergefahr auf die Schienen herabgelassen werden kann und dort die Reibung verstärkt. Die Unterbringung auf dem heißen Kessel hält ihn trocken. Zum System Vorwärmer plus Speisepumpe gehörte bei vielen moderneren Maschinen ein Speisedom.

23 Zylinder, Kessel, Führerhaus, Tender!

Warum die Reihenfolge?

Die in der ganzen Lokomotivgeschichte fast durchgängig beibehaltene manuelle Beschickung der Feuerbüchse durch den Heizer machte seinen Arbeitsplatz zwischen Kohlevorrat und Feuertür notwendig. Die Kontrolle des Wasserstands im Kessel und die Regelung der Dampfzufuhr zur Maschine sind nur am Stehkessel möglich, sodass auch der Lokführer hier seinen Platz haben musste. Selbstverständlich war zugunsten der Zusammenarbeit von Lokführer und Heizer auch deren Gemeinsamkeit im Führerhaus nahezu zwingend. Ein Nachteil der Bedienung von hinten war die eingeschränkte Sicht neben den immer voluminöseren Kesseln. Beim Anblick der Einheitsloks der Deutschen Reichsbahn könnte man sich fragen, ob die beiden Männer aus den schmalen Fenstern überhaupt noch ein Blickfeld nach vorne hatten. Gewiss, die Signale neben dem Gleis waren jedenfalls einem von ihnen erkennbar, ein Hindernis unmittelbar auf dem Gleis jedoch nicht. Bei manchen Lokomotivgiganten in den USA mit absolut profilfüllenden Kesseln ging man auf das »cab forward« über, das Zweitführerhaus vor der Rauchkammer für den Lokführer. Der Heizer blieb am gewohnten Platz. Die Verständigung mit Klingelzeichen blieb unbeholfen.

Nicht auf den ersten Blick erkennbar entsteht hier mit Führerhaus vorn und Schornstein hinten eine Dampflok! Die 05 003 blieb ein glückloser Einzelgänger.

Hier wird nicht etwa rangiert! Die 78 444 wird am 9. September 1959 mit ihrem Wendezug sogleich im Düsseldorfer Haupfbahnhof ankommen. Der Postwagen besaß nicht die notwendige Steuerleitung und muss deshalb hinter der Lok laufen.

Frontführerhaus vergeblich

Drei preußische Versuchsloks mit Frontführerhaus von 1904 waren völlige Fehlkonstruktionen. Die 1937 gebaute Versuchslok 05 003 war mit Stehkessel voraus und Triebwerk sowie Rauchkammer hinten vor dem Tender »umgedreht«. Möglich war dies wegen einer Feuerung mit Kohlenstaub, der durch eine Rohrleitung vom Tender nach vorne geblasen wurde. Allein schon mit der Anordnung aller Bedienungselemente an der Rückwand des Führerhauses konnte diese Variante nicht überzeugen. Den selben Nachteil hätte man sich eingehandelt, wenn man den Tender nach vorne genommen und die Lokomotive dahinter hätte schieben lassen. Hieran dachte man aber schon deshalb nicht, weil bis weit ins 20. Jahrhundert großes Misstrauen gegen antriebslose Fahrzeuge an der Spitze von Zügen herrschte.

Ambitionierter Wendezug

Erst in den 1950er- und 1960er-Jahren gab es bei DB und DR dampfbespannte Wendezüge im Nahverkehr. Der Lokführer gab vom Steuerwagen aus dem Heizer telefonische Fahrbefehle, wobei dieser aufgrund seiner Streckenkenntnis selbst wusste, wo mit welcher Regleröffnung und Auslegung der Steuerung zu fahren war. Das Bremsen oblag dem Lokführer, der für Notfälle auch eine pneumatische Reglerschließeinrichtung zur Hand hatte. Ein kompliziertes System zur Einsparung von Umsetzmanövern mit Bremsprobe im Pendelverkehr!

Heizer ohne Schaufel

24

Deutscher Sonderweg Kohlenstaubfeuerung

Schon erwähnt wurde die Ölfeuerung für extreme Leistungen in der Spätphase des Dampfbetriebs. Sie entlastete den Heizer ungemein. An die Stelle seiner Arbeit mit der Schaufel traten Bedienung und Kontrolle des in die Feuerbüchse mündenden Brenners. Anstelle von Rost und Aschkasten gab es nun eine Ausmauerung mit Schamotte.

Eine einmalige deutsche Variante war die Kohlenstaubfeuerung. Nachdem das Deutsche Reich infolge des Ersten Weltkriegs einen Teil seiner Steinkohlereviere verloren hatte, wurde die Nutzung der reichlich vor-

handenen Braunkohle intensiviert. Unter Erwärmung zu Staub gemahlen ist sie von Nässe und Ballaststoffen befreit. Versuche der 1920er-Jahre mit Schneckenvortrieb des Staubes in die Feuerbüchse endeten unbefriedigend.

Hans Wendler verdient sich den Nationalpreis

Nach dem Zweiten Weltkrieg war der Steinkohlemangel in der 1949 gegründeten DDR ein existenzielles volkswirtschaftliches Problem. Partei und Staat forderten und förderten jede Technologie der Braunkohleverwendung jenseits der unmittelbaren Verfeuerung mit allerschlechtestem Wirkungsgrad. Der schon in der Zwischenkriegszeit an den Versuchen beteiligte Hans Wendler kam auf die im wahrsten Sinn des Wortes zündende Idee des Ansaugens des Staubes zusammen mit der Verbrennungsluft ohne jede Mechanik durch den Saugzug der Dampfmaschine in die hermetisch abgedichtete Feuerbüchse, wo er beim Austritt durch eine glühende Muffe entflammt.

Zwischen 1949 und 1958 wurden 124 Loks aus sieben Baureihen entsprechend umgerüstet und drei Neubauloks dieser Bauart ausgeliefert. Zuverlässigkeit und Leistung befriedigten durchaus. Ungelöst blieb das Problem des ungehemmten Ausstoßes unverbrannter Staubbestandteile. Was bei üblicher Technik im Aschkasten landete, legte sich nun auf die Gleise, die Gärten der Anwohner und auf die Lokomotiven selbst. Ein – für die DDR-Wirtschaft typisches Problem trat hinzu, nämlich die ungenügende Lieferung von Kohlenstaub in den geforderten Qualitäten. Nachdem der Import von Steinkohle ein gewisses Niveau erreicht hatte, erlosch das Interesse der Reichsbahn. Aber immerhin: Staubgefeuerte Loks fuhren bis 1979.

Hans Wendler wurde 1949 mit dem Nationalpreis der gerade erst entstehenden DDR geehrt. Auch nach der Abkehr der Reichsbahn von der Kohlenstaubtechnologie engagierte er sich bis zu seinem Tod 1989 unablässig für die Nutzung dieses Brennstoffs in der stets prekären Energiewirtschaft seines Staates.

»Bestäubung« mit provisorischer Technik! 17 1042 des Bw Berlin Ostbahnhof wird im August 1953 versorgt.

Kesselexplosion technisch bedingt

Ursache Materialfehler

25

Bei der Beobachtung musealen Dampfbetriebes bleibt die Frage nicht aus, ob die aus tausend Rohren, Ventilen und Schläuchen tropfende, zischende, gurgelnde und röchelnde Maschine nicht jederzeit »in die Luft gehen« kann. Nun ja, warum sollte sie? Die Lebensäußerungen der Nebenfunktionen bis hin zur Heizkupplung für die Warmhaltung des Wagenzuges jucken den Druckbehälter des Kessels nicht.

Seine 10 bis 20 Millimeter starken Wände aus besten Stahlqualitäten halten dem bestimmungsgemäßen Betriebsdruck zuverlässig stand. Die Schweißnähte wurden im Reichs- und Bundesbahnzeitalter nicht nur von geschultem Fachpersonal genauestens »besichtigt«, sondern auch mit Röntgenstrahlen durchleuchtet. Der in gesetzlich vorgeschriebenen Abständen tätig werdende und durch die abgenommenen Domöffnungen auch nahezu hineinkriechende Kesselprüfer hatte den professionellen Blick auf Abzehrungen, Risse oder Verformungen. Eine Wasserdruckprobe bildete den Abschluss jeder Hauptuntersuchung.

Tödliche Materialfehler

Mehrfach ereigneten sich Kesselexplosionen während des Zweiten Weltkriegs, als der Unterhaltungsstandard planmäßig herabgesetzt war und ungenügend ausgebildetes Personal eingesetzt wurde. Ebenfalls im Zusammenhang mit der Materialwirtschaft der Nazizeit kam es zu einem Fehler, der wenig später ungeheure Kosten verursachte – und Todesopfer forderte. Ab 1940 baute man mehrere hundert Lokomotivkessel aus einem kaltgewalzten Stahl St47K, den man wegen größerer Härte mit geringerer Stärke verwenden konnte. Alsbald erwies sich dieser Baustoff jedoch als zu spröde und unzureichend altersbeständig und überdies abweisend gegen Schweißung. Die Reichsbahn musste den zugelassenen Kesseldruck herabsetzen – aber unter Kriegs- und Nachkriegsbedingungen mit den gefährlichen Maschinen weiterfahren. Bevor solche Loks später frühzeitig ausgemustert oder neubekesselt wurden, gab es tragische Explosionen:

- 23. Juli 1941: 50 846 bei Kenzingen,
- 18. November 1946: 50 582 bei Haldensleben,
- 10. Oktober 1958: 03 1046 bei Wünsdorf.

Materialfehler waren ursächlich für die Kesselexplosionen vom Januar 1892 und vom Juli 1943.

Kesselexplosion nach schwerstem Fehler

26

Ursache Bedienungsfehler

Es gab unter regulären Bedingungen nur ein einziges im wahrsten Sinn des Wortes tödliches Explosionsrisiko, nämlich Wassermangel im Kessel. Es war vorgeschrieben, einem zur Kontrolle auf den Führerstand kommenden höheren Beamten sofort unaufgefordert das ordnungsgemäße Niveau in den beiden Wasserstandsgläsern vorzuführen. Auf diese Gläser blickten Lokführer und Heizer auch stets im Minutentakt, immer auf dem Sprung, nach Absinken Wasser nachzuspeisen bzw.

Der explodierte Kessel der 42 1893 landete 40 Meter abseits der Lok!

bei verdächtigem Stillstand des Wassers im Glas die Durchlässigkeit der Prüfstrecke zu testen.

Feuerbüchsdecke darf nie trocken werden!

In den – unbedingt zu vermeidenden – Fällen des Versagens beider Speiseeinrichtungen oder der Erschöpfung des Tenders musste man, wo auch immer man war, sofort das Feuer durch den Kipprost ausleeren. Wenn nämlich die Wasserbedeckung der Feuerbüchsdecke fehlt, dauert es nur noch Sekunden, bis sie metallurgisch instabil wird und schmilzt. Und wenn nun durch ein Leck massiv Dampf in die Feuerbüchse austritt, verliert der Kessel sofort seinen Druck und fällt die Verdampfungstemperatur von 200 Grad Celsius schlagartig ab. Riesige Mengen Wasser verdampfen sofort und lassen mit unvorstellbarer Energie den Kessel explodieren. Makaber, aber nur allzu wahr: ein Lokpersonal, das diesen Fehler begangen hat, kann man nach dem Hergang nicht mehr befragen.

Hoffentlich nie wieder!

Die traurige Chronik des Kesselzerknalls wegen Wassermangels lautet für Deutschland in den letzten hundert Jahren mit einer deutlichen Häufung in der chaotischen Nachkriegszeit:

20.03.1939: 03 174 bei Angermünde
03.04.1939: 02 101 Rothenstadt
08.09.1945: 41 309 zwischen Garßen/Eschede
05.12.1945: 50 2764 Königsmoor
25.09.1946: 44 1368 Rastatt
07.10.1946: 44 1514 Nürnberg
27.01.1947: 52 2753 Sontra
03.02.1947: 52 6992 Ingolstadt
28.08.1951: 50 1687 Tostedt
12.10.1951: 42 1893 Cochem
27.11.1977: 01 1516 Bitterfeld
(außer Personal auch drei Reisende getötet)

Ein spezieller Fall war die Explosion des Kessels der 95 6679 wegen eines schweren Fehlers bei der Druckprobe im RAW Meiningen am 4. Mai 1951.

Blech für besseren Blick

27

Windleiden und Windleiten

Die frühesten Lokomotiven boten dem Personal nicht den geringsten Schutz gegen Fahrtwind, Niederschlag und Sturm. Selbst bei 40 oder 50 Stundenkilometern wird der schiere Luftzug schnell zur Qual. Erst allmählich montierte man auf das hintere Ende des Kessels einen Schutzschild. Bis etwa 1870 erweiterte man ihn zu einem Führerhaus, das Wind, Kälte, Nässe, Schnee und Rauch einigermaßen abhielt. Zum Tender hin blieb es lange offen. Das ständige Wechselbad zwischen der Hitze an der Kesselrückwand und der Kälte von hinten war ein klassisches Gesundheitsrisiko für Lokführer und Heizer. Erst mit der Kriegslokomotive des Zweiten Weltkriegs wurde das rundum geschlossene Führerhaus zu einem Standard, der freilich auch seine Tücken hatte, nämlich den Wärmestau im Sommer.

Dünne Bleche und dicke Panzerplatten

Bei Geschwindigkeiten jenseits von etwa 50 Stundenkilometern staute sich ständig sichtbehindernder Rauch in den Winkeln zwischen Kessel und Führerhaus. Abhilfe suchte man mit allerlei mehr oder weniger kuriosen »Schornsteinkrägen«, die den Rauch aber nicht wie gewünscht weiter nach oben ableiteten. Nach 1920 kam man auf die einzig richtige Idee, mit Windleitblechen beiderseits der Rauchkammer eine Fraktion des Fahrtwinds genau in die rauchgefährdeten Winkel zu leiten und damit den dort entstehenden Unterdruck zu eliminieren. Zunächst hielt man riesige Blechwände für erforderlich, die zu Markenzeichen der Einheitslokomotiven der Deutschen Reichsbahn wurden. Versuche während des Zweiten Weltkriegs ergaben, dass viel kleinere freistehende Bleche mit geeigneter Krümmung denselben Dienst tun. Nach ihrem Erfinder heißen sie in Deutschland Witte-Bleche. Jenseits der nüchternen Funktion ließen viele Designer bei der Gestaltung der Windleitbleche ihrer Fantasie freien Lauf. Und den Betrachtern fehlte es auch nie an Fantasie bei der Interpretation der Bleche irgendwo zwischen Stromlinie und militärischer Panzerung. Ja, vollständig gepanzerte Lokomotiven gab es in beiden Weltkriegen auch. Mit unsäglichen Arbeitsbedingungen für Lokführer und Heizer im dicken Stahlkäfig führten sie ihren Panzerzug in Richtung Front. Ein Granattreffer ins Laufwerk des Zuges legte die ganze Fahrzeugschlange lahm. Und für den Luftangriff war der weithin erkennbare Panzerzug ein ideales Ziel.

Windleitbleche waren beliebte Flächen für politische Propaganda. Das große Hakenkreuz an der 19 005 blieb eine seltene Ausnahme 1936 anlässlich der Olympischen Spiele, deren Ringe am Tender erkennbar sind. Jede Pseudowahl der Nazizeit wurde an Loks wie hier der 03 153 propagiert. Und die SED forderte, feierte, protestierte und beschwor in den 1950er-Jahren unablässig mit weißer Farbe auf schwarzer Lok.

Blech für höchstes Tempo

Seitenlinie Stromlinie

28

Um 1900 kam der Gedanke auf, den Luftwiderstand des fahrenden Zuges zu vermindern. Neue Schnellzugloktypen erhielten zugespitzte Frontverkleidungen und eine V-förmige Führerhausvorderwand. Spätere Erkenntnisse zur Aerodynamik bewiesen die Wirkungslosigkeit solcher Blechkünste. Aus ästhetischen Gründen wurde das »Windschneiden«-Führerhaus aber in Frankreich noch bis nach dem Zweiten Weltkrieg beibehalten. Die Forschung im Windkanal führte zu dem – eigentlich auch schon aus der Betrachtung von Vögeln und Fischen zu gewinnenden – Konzept der kantenlos gerundeten Vollverkleidung. Bei Geschwindigkeiten oberhalb von 120 Stundenkilometern erzielte man damit nachweisbare Leistungszuwächse. Glänzend lackiert, wurden die deutschen, britischen und französischen Stromlinienloks als futuristische Wunderwerke bestaunt und in der Werbung von Industrie und Bahngesellschaften emsig hervorgehoben. Größte Vielfalt

Futuristisches Design, schwieriger Betrieb: Stromlinie in den USA und in Deutschland

So sahen die Stromlinienloks nach dem Krieg aus! 05 002 wartet 1950 auf die Reaktivierung bei Krauss-Maffei in München.

im Stromliniendesign gab es in den USA. Reinen Kuriositätswert hatten dagegen italienische Stromlinienloks für den gemächlichen Personen- und Güterverkehr.

Kurz gerast, lange gerostet

Die betriebliche Ernüchterung kam schnell. Anders als das ohnehin notwendige Gehäuse der Elektro- und Diesellokfahrzeuge bleibt die Stromlinienverkleidung eine in Gewicht und Preis belastende Zutat. Konnte man bislang irgendeine Undichtigkeit an den Flanschen von Pumpen oder Vorwärmer sofort erkennen und beheben, so musste man nach verdächtigem Dampfaustritt aus einer Fuge der Verkleidung erst alle möglichen Klappen öffnen oder Bleche entfernen, um die Schadstelle zu finden. Beulen und Schrammen an der dünnwandigen Hülle blieben nicht aus. Noch problematischer wirkten die Verkleidungen vor Lauf- und Triebwerk, weil die Kühlung durch den Fahrtwind entfiel. Zu der auf jeder einzelnen Fahrt notwendigen Kontrolle und Schmierung mussten Rollläden geöffnet werden und waren dem Personal Verrenkungen abverlangt. In den inneren Auskehlungen sammelten sich Asche, Kohle- und Bremsstaub, Herbstlaub, Ölrückstände, Regenwasser und Schnee zu im Sommer brandgefährlichen und im Winter einfrierenden Mischungen. Niemand konnte es den Werkstätten verwehren, sehr bald Verkleidungselemente auf Dauer zu entfernen. Damit litten Aerodynamik und Ästhetik gleichermaßen. Nur wenige Loks fuhren lange mit Verkleidung.

Kohlenwagen?

29

Love me tender!

Stets mit exakter Terminologie aus Jagd, Seefahrt, Digitaltechnik, Medizin und Rechtswissenschaften den Gesprächspartner als ahnungslosen Amateur herabsetzen zu wollen, ist arrogant. Aber ein wenig Fachsprache kann auch in Eisenbahnangelegenheiten nicht schaden. Anders als in Fragen von Flugzeug, Auto oder Kochkunst begegnen wir hier dem Problem, dass es im Journalismus seit Langem als »out« gilt, sich mit einem so veralteten System verdächtig gut auszukennen. Man wird doch nicht etwa die von amateurpsychologischer Seite stets gebrandmarkte »Spielzeugeisenbahn« im Keller haben?!

Kohlenwagen? Tender!

Wir blicken auf das hintere Ende der Lokomotive und klären einen Begriff. Allein die europäischen Eisenbahnen besaßen in den großen Zeiten der Kohleverwertung eine Millionenzahl hölzerner und stählerner Zweiachser, die »offene Güterwagen« heißen und die man als »Kohlenwagen« bezeichnen kann, auch wenn sie für Kartoffeln, Zuckerrüben und Schnittholz gleichermaßen geeignet waren. Das anfangs zwei-, dann meist

Einer der kleinsten je gebauten Tender an der rumänischen Schmalspurlok 389.001, gebaut 1885 und aufgenommen 1965 in Sibiu

Der moderne »Wannentender« der Kriegsloks zeigt besonders deutlich die Merkmale eines Wasserbehälters mit Kohleaufsatz.

drei- oder vier- und selten fünfachsige Gefährt, das hinten an einer Lokomotive hängt, ist aber kein solcher Kohlenwagen, sondern ein Tender. Das ursprünglich englische Wort dürfte aus dem maritimen Sprachgebrauch stammen, der es für Hilfsfahrzeuge wie Beiboot oder Versorger verwendet.

Wasser, Kohle, Werkzeug, Bremse ...

Der Tender besteht im Wesentlichen aus einem zwischen 8 und 40 Kubikmeter großen Behälter für das von der immer durstigen Lokomotive benötigte Wasser. Klappen in den oberen Ecken erlauben das Füllen aus dem Wasserkran. In den oberen Teil des Behälters ist ein Kasten für die Kohle integriert, der von oben her mit Brennstoff gefüllt wird, welcher auf einer leicht schrägen Fläche in Richtung Führerhaus nachrutscht, wo ihn der Heizer abgreift. In und an den Vorder- und Hinterwänden enthält der Tender diverse Schränke für den persönlichen Bedarf des Personals, für Signalmittel, Ersatzteile und Werkzeug. Und nicht zu vergessen: Bis ins 20. Jahrhundert gab man nicht der Lok selbst, sondern nur dem Tender eine Bremseinrichtung, weil man das komplizierte Lauf- und Triebwerk der Lokomotive vom dafür nötigen Gestänge freihalten wollte. Alles in allem ist der brave Mitläufer also schon deutlich komplexer angelegt als ein Kohlenwagen.

Lok ohne Tender

30

»Tenderlok!«

Wir sprachen von Sprache! Tender ist einer der wenigen Begriffe, die aus der anfangs englisch und alsbald auch französisch geprägten Eisenbahnterminologie des mittleren 19. Jahrhunderts im deutschen Sprachgebrauch erhalten geblieben sind. Ansonsten haben ja die Fahrkarte das Billett, der Bahnsteig die Plattform, der Schaffner den Conducteur und das Abteil das Coupé abgelöst. Sämtliche Printmedien und Radiosender wollen das aber in Bezug auf den Wagen nicht glauben und nennen den Personen-, Güter-, Speise-, Schlaf-, Kran- usw. usw. -wagen – im Hörfunk auch mit gepflegtester französischer

Tenderloks waren für gleichwertige Rückwärtsfahrt geschaffen. Die 1993 arrangierte Fahrt der erst 1956 gebauten 65 1049 mit einer Doppelstockgarnitur über den Viadukt von Angelroda im schönsten Thüringen entspricht realem (D)DR-Betrieb.

Nicht weniger als 602 solcher Tenderloks fuhren 1926 am Vorabend des S-Bahn-Zeitalters auf Berlins Stadt-, Ring- und Vorortbahnen.

Aussprache – konsequent »Waggon«. Ich frage mich (und fragte die Anbieter mit inzwischen schon vielen Leser- und Hörerbriefen), warum man dann nicht auch beim Aeroplan für das Flugzeug und den Pneus für die Autoreifen bleibt.

Vorräte an Bord

Zurück zum Tender: Etwa ab 1850 kam man auf den Gedanken, Lokomotiven für kürzere Strecken ohne einen solchen Nachläufer zu bauen, sondern die Vorräte in Behältern zwischen den Rahmenwangen, seitlich neben dem Kessel und hinter dem Führerhaus unterzubringen. 4 bis 14 Kubikmeter Wasser und 2 bis 5 Tonnen Kohle finden so durchaus Platz. Eine solcherart kompaktere Maschine eignete sich speziell für Pendelfahrten auf Nebenbahnen, im Nahverkehr von Ballungsräumen und im Rangierdienst vor- und rückwärts, während ja die klassische Lokomotive bei Rückwärtsfahrt etwas ungünstig den Tender vor sich herschieben muss. Weil nun die Lokomotive sozusagen ihr eigener Tender ist, nannte man sie in Deutschland Tenderlokomotive. Insoweit arbeitet die englische Terminologie übersichtlicher, indem sie unsere Schlepptenderlokomotive anschaulicher als »tender engine« bezeichnet und unsere Tenderlok als »tank engine«. Tenderloks für Schnellzüge blieben selten. Übrigens: Nur wenige Tenderloks erhielten Windleitbleche.

»Die sehen doch alle gleich aus?«

31

Kleine und große Räder

Man mag es einem immer wieder geduldig an den Schranken der Bahnübergänge wartenden oder vom Bahnsteig aus beiläufig nach vorne blickenden Publikum verzeihen, aber schon einem nicht ganz flüchtigen Blick hält die Diagnose »alle gleich« nicht stand. Die allerersten Lokomotiven waren vierrädrige »Dampfwagen«. Schon Stephenson erkannte es als vorteilhaft, die Antriebsfunktion eines zentralen Radsatzes (= Achswelle mit Rädern) von den tragenden und spurführenden Funktionen vorderer und hinterer Laufachsen zu trennen. Mit steigenden Zuggewichten genügte die Reibung zweier Räder auf den Schienen nicht mehr. Man ging zu zwei oder drei angetriebenen Radsätzen über und verteilte die Antriebsenergie vom Treibradsatz mit Kuppelstangen.

Merkmal Radgröße

Für den Güterverkehr wurden alsbald vier und schließlich fünf gekuppelte Radsätze notwendig. Sechskuppler blieben aufwendige Ausnahmen. Mit sinnreichen Konstruktionen für ein paar Zentimeter Seitenbeweglichkeit einzelner Radsätze sicherte man einen spannungsfreien Bogenlauf. Für den Güterverkehr mit Geschwindigkeiten von lange Zeit 20 bis 60 Stundenkilometern genügten Antriebsräder mit 1200 bis 1600 Millimetern Durchmesser. Um Erhitzung und Abnutzung der Kolben und der Stangenlager in Grenzen zu halten, wählte man für den Personenzugdienst mit 50 bis 90 Stundenkilometern Treibräder mit 1500 bis 1750 Millimetern Durchmesser und für den Schnellzugdienst mit 80 bis 130 Stundenkilometern solche mit 1750 bis 2100 Millimetern.

Komposition Radsatzfolge

Während man das Gewicht vieler Güterzugloks mit Antrieb aller Radsätze komplett als Reibungsgewicht nutzte, blieben für schnellere Lokomotiven zur Sicherung des Bogenlaufs und der Gewichtsverteilung vordere und hintere Laufachsen unverzichtbar. Und weil all dergleichen nun sowohl in der Variante Schlepptenderlok als auch in der Variante Tenderlok vorkommt, haben wir es mit einer dem Werkstättendienst gewiss oft lästigen, für den Freund der Lokomotive jedoch äußerst reizvollen Vielfalt zu tun.

In Deutschland nie überboten: 2300 Millimeter große Räder für Schnellfahrversuchsloks

Klassifizierung

32 Kriterium Achsfolge

Aus den unterschiedlichen Kombinationen von Treib-, Kuppel- und Laufradsätzen ergibt sich die Achsfolge oder Radsatzfolge als Identifikationsmerkmal. Im 19. Jahrhundert, das Abkürzungen und Codes noch kaum kannte, wurde bspw. eine »dreifach gekuppelte Lokomotive mit vorlaufendem Drehgestell« mit dem vollen Wortlaut gekennzeichnet. Hauptsächlich in Bayern und in der Schweiz wurden die als Bruch zu schreibenden Verhältnisse zwischen den Zahlen der angetriebenen Achsen zur Gesamtzahl der Achsen Teil der Gattungsbezeichnung, sodass eine bayerische S 3/6 als Schnellzuglok (S) mit drei angetriebenen von insgesamt sechs Radsätzen zu erkennen ist, während eine schweizerische C 5/6 eine Lok mittlerer Geschwindigkeitsklasse (C) mit fünf angetriebenen von sechs Radsätzen bezeichnete. In Frankreich und Rumänien arbeitete man mit einem Zifferncode, der Vorlaufachsen, angetriebene Radsätze und Nachlaufachsen hintereinander nennt. Eine 231 oder eine mächtige 241 ist als typische Schnellzuglok erkennbar, während es sich bei der 040 oder 050 um eine laufachslose Güterzuglok handelt. Großbritannien und die USA zählen Räder und nennen dieselben Typen 4-6-2, 4-8-2, 0-8-0 und 0-10-0.

Die schöne pfälzische Schnellzuglok von 1905: für Amerikaner eine »Atlantic«, für Franzosen eine 221, für uns eine 2'B1'.

US-Geografie der Achsfolgen

Aus den USA stammen auch Bezeichnungen für klassische Lokomotivbauarten, abgeleitet von der jeweils ersten bestellenden Bahngesellschaft oder einem Einsatzgebiet. Am bekanntesten ist »Pacific« für die Schnellzuglok mit vorderem Drehgestell, dreifach gekuppelter Radsatzgruppe und Nachlaufachse. Mit einer Kuppelachse weniger war dies eine »Atlantic«. Vier angetriebene Radsätze zwischen zwei Laufachsen machen eine »Mikado«.

Achsfolge und Kodifizierung 33

1A1 bis 1'F in Mitteleuropa

Der in Sachen Normung von Technik und Sprachgebrauch verdienstvolle Verein Deutscher Eisenbahnverwaltungen – gegründet in Zeiten vor der Verstaatlichung der nebeneinander wirkenden Privatbahnen und vor dem Ersten Weltkrieg von Elsass-Lothringen bis Ungarn tätig – unternahm es, Lokomotivbauarten aussagekräftig zu klassifizieren. Laufradsätze wurden mit Ziffern nummeriert, die Zahl der angetriebenen Radsätze mit Großbuchstaben entsprechend ihrer Position im Alphabet gekennzeichnet. So wurde dann Deutschlands erste Lokomotive, der legendäre ADLER von 1835, im Nachruhm zur 1A1, ihre alsbaldigen Nachfolger mit zwei angetriebenen Radsätzen zu 1B. Die dreifach gekuppelten Güterzugloks hießen nun C.

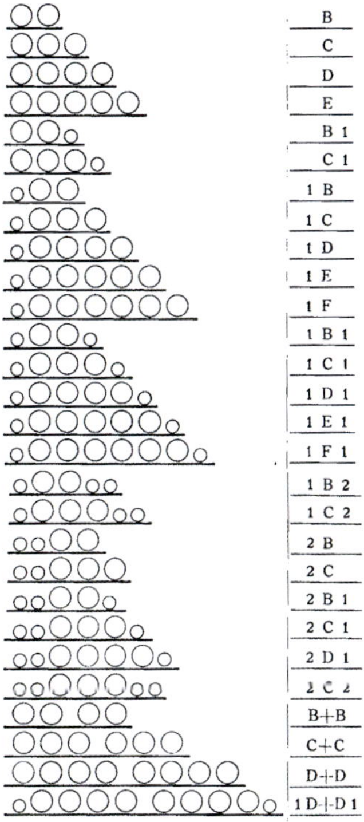

Schema fast aller in Europa angewendeten Achsfolgen

Und noch mehr Information steckte man in dieses System: Seitlich ausschwenkbare Drehgestelle und radial einstellbare Laufachsen erhielten einen Apostroph nach der Ziffer, sodass die bayerischen S 3/6 und französischen 231 und amerikanischen Pacifics bei uns zu 2'C1' wurden. Und dem Betrachter aller Fotos in diesem Buch wird es nicht schwerfallen, auch eine 2'B, 1'D oder E zu identifizieren. Und damit nicht genug, kennzeichnete man mit »n« die Nassdampf- und mit »h« die Heißdampfloks. Sodann ließ man noch die Zahl der Zylinder folgen (wir werden im nächsten Kapitel erfahren, dass dies nicht immer nur zwei waren) und kennzeichnete die Verbundloks (wir kommen darauf zurück!) mit einem »v«. Und schließlich stand ein »t« für Tenderloks.

Wir werden noch Varianten mit zwei angetriebenen (und wegen der notwendigen Bogenläufigkeit ausschwenkbaren) Radsatzgruppen kennenlernen, in Mitteleuropa fast ausschließlich Tenderloks, und somit zur B'B' n4vt und D'D h4vt gelangen.

Darwin wäre neidisch

Evolution der Achsfolgen

34

Im Gegensatz zu den Elektro- und Diesellokomotiven unserer Tage, die bei letztlich gleicher vierachsiger Grundkonfiguration mit verschiedensten Modulen für Zugkraft, Geschwindigkeit und Auslandskompatibilität aufgerüstet werden, war bei der Dampflok eine große Vielfalt von Achsfolgen unverzichtbar. In Kontinentaleuropa kamen zu bedeutender Verbreitung (mit Angabe der hauptsächlichen Bauepochen, eingesetzt selbstverständlich deutlich länger):

1B	Standard für Personen- und Schnellzugdienst 1840–1900
2'B	aus den USA übernommen für dieselben Dienste 1890–1910
2'B1'	Schnellzuglok um 1900
C	allgegenwärtige Güterzuglok 1845–1900
1'C	beliebte Universallok für Personen- und Güterverkehr 1890–1940
1'C1'	für Personen- und Schnellzüge 1905–1940, in Deutschland erst 1950–1959
2'C	internationale Grundform für den Reiseverkehr 1895–1950
2'C1'	Optimum für den Schnellzugdienst 1907–1957
D	riesige Stückzahlen robuster Güterzugloks 1855–1920
1'D	vielfach auch vor Personenzügen eingesetzte Güterzuglok 1890–1950
1'D1'	universell für Schnell-, Personen- und beschleunigte Güterzüge 1920–1955
2'D1'	ultimative Schnellzuglok in Frankreich und Tschechoslowakei 1925–1952
E	Güterzuglok in Deutschland und Österreich 1900–1924
1'E	Standard für schwere Güterzüge 1915–1959
Bt	einfachste Form für Klein-, Werks- und Feldbahnen 1860–1950
1Bt/B1t	Nahverkehr in Großräumen wie Berlin und München 1870–1900
B'Bt/ B'B't	garantierte gute Bogenläufigkeit auf Schmalspur 1890–1920
Ct	weitest verbreitet auf Kleinbahnen, Werksbahnen und Rangierbetrieb 1870–1955
1'Ct	universell einsetzbare Nahverkehrs- und Nebenbahnloks 1900–1920
1'C1't	breitest verwendbare Personenzugloks 1900–1940
2'C2't	leistungsfähige Personenzuglok 1905–1935
Dt	Standard für schweren Rangier-, Werks- und Zechendienst 1905–1955
1'D1't	universell einsetzbare Nebenbahn- und Nahverkehrsloks
1'D2't	schwere Nebenbahn- und Nahverkehrsloks DB und DR 1951–1957
Et	für Schiebebetrieb auf Steilstrecken und Rangierdienst insbesondere an Ablaufbergen 1905–1955
1'E1't	Spezialbauart für Steilstreckendienst 1920–1935

Oben: Schlepptenderloks mit geteiltem Triebwerk blieben in Deutschland selten. Nur wenige Jahre trug diese Lok aus ungarischer Konstruktion im annektierten Sudetenland die Reichsbahnnummer 51 006. Die Achsfolge lautet C'C. Mitte: Bauartbeispiel 2'C2' h2t – und Gedenkblatt für die bewährte preußische T 18 oder 78 von Reichs- und Bundesbahn. Unten: Viele Betrachter glaubten, der leichten bayerischen Tenderlok von 1909 fehle eine Achse. Aber sie ist schon komplett, die 70 096 mit der Achsfolge 1B.

Dampf zweimal genutzt

v = Verbund

35

Immer wieder dürfen wir über die Findigkeit von Ingenieuren staunen, denen zu Zeiten ohne zertifizierte Metallqualitäten und standardisierte Messverfahren, ohne wissenschaftlich fundierte Formeln zu Druckaufbau und Wärmeübertritt und natürlich ohne datenpralle Computersimulationen bleibende Innovationen glückten. Der Genfer Ingenieur Anatole Mallet versuchte in den 1870er-Jahren, nur einem Zylinder Frischdampf zuzuführen und dessen nach Austritt noch beträchtlichen restlichen Druck in dem Zylinder auf der anderen Lokseite zu nutzen. Die Compound- oder zu deutsch Verbundmaschine mit Einströmung in einen Hochdruckzylinder und »Verbinder« zum Niederdruckzylinder war geboren. Sie bewährte sich sofort und wurde für Jahrzehnte Standard. Für das Anfahren und sonstige Höchstbelastungen gab man ihr eine Anfahrvorrichtung, mit der auch dem Niederdruckzylinder Frischdampf zugeführt werden konnte. Namentlich bei Frontalansicht konnte man Zwei-Zylinder-Verbundlokomotiven leicht erkennen, weil der Niederdruckzylinder wegen des hier genutzten schon herabgesetzten Druckes einen größeren Durchmesser erhalten musste.

Französisch-deutsches Optimum Vierzylinder-Verbund

Zu den Spitzenleistungen des klassischen Maschinenbaus insgesamt gehört die ab 1890 gebaute Vierzylinder-Verbundlokomotive. Zwei Hochdruckzylinder waren es nun, die mit Frischdampf gespeist wurden und aus denen der Dampf in die beiden Niederdruckzylinder weitergeleitet wurde. Dafür musste zwischen den beiden Außenzylindern ein weiteres Triebwerkspaar innerhalb des Rahmens untergebracht werden. Während die Außentriebwerke mit Kurbeln ans Rad angreifen, braucht man für die Innentriebwerke kurbelwellenartige Kropfachsen, deren Herstellung extreme Anforderungen an Stahlqualitäten und Schmiedekunst stellten. Und dann gab es noch Anforderungen an das Personal. Die Kontrolle und Schmierung der Innentriebwerke machten akrobatische Künste notwendig. Die Leistungs- und Verbrauchsvorteile der Vierzylinder-Verbundlok rechtfertigten den Herstellungs- und Pflegeaufwand für höchste Anforderungen, nicht jedoch bei Loks für durchschnittliche Aufgaben. So manche mittelschwere Vierzylinder-Verbund-Güterzuglok wurde kaum älter als zehn Jahre. In der Bauartbezeichnung erkennen wir die Verbundlok am »v« in 2'Bn2v oder 1'Dh4v.

Unter der Rauchkammer der bayerischen S 3/6 ragen die Kolbenstangenschutzrohre der Innentriebwerke nach vorn. Gekrümmte Ausströmrohre münden ins Blasrohr.

Erst zwei, dann vier, dann drei

36

Zylinderzahlenzauberei

Mit der Erläuterung der Vierzylinder-Verbundlokomotive im vorigen Kapitel ist bereits dargelegt, dass die Zylinderzahl in der Klassifikation außer wie üblich 2 auch 4 lauten kann. Jedenfalls die europäischen Varianten mit zwei Gruppen angetriebener Radsätze waren sämtlich Vierzylinder-Verbundloks, so etwa der bayerische Gigant D'Dh4vt. Vor allem bei der vierzylindrigen Schnellzuglok beobachtete man nicht überraschend außer der besseren Brennstoffausnutzung auch einen deutlich ruhigeren Lauf, weil sich die Zahl der Antriebsimpulse pro Radumdrehung hier ja von vier auf acht verdoppelt.

Konkurrenz in höchster Kennerschaft: Vierling und Drilling

Im 20. Jahrhundert realisierte man diesen Vorteil auch ohne Verbundmaschine und speiste vier Zylinder mit Frischdampf. Die Fachsprache kennzeichnet hier den Vierling im Kontrast zur Vierzylinder-Verbundlok. Die Unterschiedlichkeit von Zylinderdurchmessern entfällt in diesem Fall selbstverständlich. Neben der besseren Laufruhe sprach für mehrzylindrige Lokomotiven auch die Entlastung der bei stärksten Zweizylinderloks allmählich grenzwertig beanspruchten Treibzapfen außen an den Rädern.

Die Ziele sowohl des ruhigeren als auch des kinematisch breiter verteilten Maschinenlaufs führten im 20. Jahrhundert für viele Lokomotivtypen höherer Leistung zur Wahl der Dreizylinder-Maschine. Mit ihr liefen die deutschen wie auch britischen Rekordloks an der 200-Stundenkilometer-

Umbauten unter Federführung von André Chapelon verschafften der französischen Nordbahn weltweit beispielhaft sparsame und leistungsfähige Vierzylinder-Verbund-Pacifics.

Aufwendigstes und empfindlichstes Teil jeder drei- und vierzylindrigen Lok: die Kropfachse, hier an einer 1912 von der Berliner Maschinenbau AG entwickelten jugoslawischen 1'C1'h4

Schwelle und fast alle deutschen Stromlinienloks, desgleichen die beiden führenden Maschinen für den schweren Güterzugdienst 1917 bis 1977 in Gestalt der preußischen G 12 und der Einheitslok 44.

Eine französische Besonderheit waren schwerste 1'E-Güterzugloks mit Vierzylinder-Verbundtriebwerk.

Manche mögen's heiß

h wie Heißdampf

37

Der Schulunterricht lehrt uns, dass Wasser bei 100 Grad Celsius zu Dampf wird. In einem geschlossenen Gefäß mit mehr als dem atmosphärischen Druck steigt die Verdampfungstemperatur. So gewann man im 19. Jahrhundert bei 6 bis 10 bar etwa 170 Grad heißen Dampf, der freilich eine geringe Stabilität aufweist und bei Berührung mit dem kühlen Metall der Dampfwege, des Schieberkastens und des Zylinders zu lästigem oder sogar schädlichem Wasser kondensiert. Der Wunsch nach heißerem Dampf wurde wach. Zwei deutsche Namen gewannen Weltgeltung. Wilhelm Schmidt in Kassel schuf 1892 den betriebstauglichen Überhitzer aus dünnen U-Rohren, die von der Rauchkammer aus in die Rohre des Langkessels zurückragen. Der durch diese Rohre geleitete Dampf kommt mit etwa 350 Grad Celsius wie-

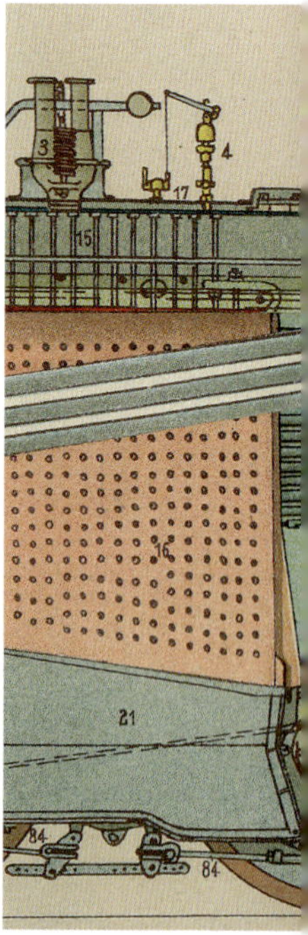

Lieblingslok passt für Passwort

Und welchen Vorteil haben Sie, lieber Leser, aus diesen ganzen Verschlüsselungen? Dem modernen Menschen wird doch ständig die Erfindung neuer Passwörter für alle möglichen Zugänge und Berechtigungen im Internet abverlangt. Bevor Sie mit »1234« oder dem – vielleicht irgendwann nicht mehr aktuellen – Namen der Freundin Ihr Konto aufrufen, denken Sie doch einfach mal an die württembergische K oder die Schnellfahrlok 05 und tippen 1'Fh4v bzw. 2'C2'h3 ein! Sogar die geforderten Sonderzeichen sind dabei!

der nach vorn und hat damit die physikalischen Eigenschaften eines idealen Gases ohne mitströmende Wasserteilchen und schnelle Kondensation.

Preußische Erfindung für die ganze Welt

Und dann gab es den Berliner Maschinendezernenten Robert Garbe, der die Königlich-Preußische Eisenbahnverwaltung als einen der größten Bahnbetreiber der Welt gegen viele Zweifel von den Vorteilen der Heißdampflokomotive überzeugte. Nach Versuchen um 1900 setzte sie sich rund um den Erdball durch. So gut wie jede ab 1910 gebaute größere Dampflok trägt in ihrer Kodifizierung den Buchstaben h für Heißdampf anstelle des n für Nassdampf. Immer wieder in der Technikgeschichte müssen gegenseitige Abhängigkeiten beachtet werden: Die Heißdampflok war erst möglich, als Schmieröl für ihre Zylindertemperaturen verfügbar war.

Der kunstvolle Aufklapp-Atlas von 1910 offenbart uns die Geheimnisse einer damals brandneuen preußischen 2'C-Schnellzuglok. Wir erkennen Überhitzerelemente, Einströmung, Schieberkasten, Zylinder, Blasrohr und Innentriebwerk.

Lokomotive am Taufbecken

38

Der Name

Technische Charakterisierung ist eine Aufgabe, unverwechselbare Kennzeichnung des Einzelstücks eine andere. Die Beziehungen zu Gerätschaften waren vor 200 Jahren wie die zu Tieren noch verbal definiert. Identifikation erlaubte der Name, nicht eine Nummer. Die wenigen bedeutsamen technischen Produkte des vorindustriellen Zeitalters wie Kirchenglocken, Kanonen oder Schiffe wurden auf Namen getauft. Geradezu selbstverständlich verbanden sich die Motive des persönlichen Schöpfertums, der religiösen Weihe und des Besitzerstolzes auch bei der Inbetriebnahme von Lokomotiven in und mit der Vergabe eines Namens.

Bildungsschatz von Aar bis Zyklop

Weil der Beginn des Eisenbahnzeitalters in den Ausklang der Romantik fiel, schöpfte auch die Namensgebung aus dem Reservoir von Wappentieren, mittelalterlichen Sagen und griechisch-lateinischem Bildungsfundus. So fuhr man denn mit ADLER, WINDSBRAUT, LÖWE, GREIF, JUPITER, GÖTHE (sic!), BELISAR und COMET. Irgendwann hatte man die Alphabete der Götter, Dichter, Städte, Flüsse und schließlich der preußischen und deutschen Siege von 1866 und 1870/71 bis zur Neige durchdekliniert. Spürbar wurde auch der Mangel an Aussagekraft. Wollte man einer fernen Dienststelle telegrafieren, dass für den unpässlich gewordenen Führer der ISAR oder der TEJA ein Ersatzmann gestellt werden sollte oder dass die EUTERPE oder die JUHORN der Reparatur eines heiß gelaufenen Achslagers bedürfe, so war die Information unverzichtbar, welcher Gattung diese Maschine angehörte. Zum Vornamen gesellte sich der Nachname: die Gattungsbezeichnung.

A III, C IV, VIc, P 3/5, F1, XIVa, 835, Gt 2x4/4, Pt31, Ty23 ...

Bei der abstrakten Kennzeichnung der Loktypen war der Fantasie der Bahnverwaltungen kaum eine Grenze gesetzt: Auf den gegossenen Schildern glänzten Groß- und Kleinbuchstaben, römische und lateinische Zahlen sowie hoch- und tiefgestellte Zeichen. Die bayerischen oder sächsischen oder württembergischen oder elsässischen Eisenbahner kannten dann durchaus ihre B VI oder VIII1 oder Hh oder D 32.

Die letzten Namensschilder wurden zusammen mit ihren Trägerinnen in den 1920er-Jahren verschrottet. Auf dem Sammlermarkt würde man heute eine fünfstellige Summe für das Schild der JENA bekommen, die ab 1873 im schönen Saaletal fuhr.

Eine Nummer als Name! Eine originelle Widmung der tausendsten von Maffei gebauten Lokomotive aus dem Jahr 1874. Bemerkenswert die Versuchsausführung einer elektrischen Beleuchtung

Stadt, Land, Fluss

Welche Namen sie nahmen

39

Bayern 1844–1890 Der Münchner, Oberon, Cid, Dürer, Utzschneider, Schwangau, Leonore, Nymphenburg, Bodensee, Jupiter, Mühltal, Tristan, Pappenheim, Klopstock, Gravelotte, Carlsbad, Proserpina, Hades, Tycho, Mozart, Bobingen, Gay Lussac, Ochsenkopf, Spree, Irrenlohe, Germania

Österreich 1839–1860 Ajax, Ozean, Grünschacher, Chiapovano, Miröschau, Fortuna, Telegraph, Rakete, Baltimore, Cyclop, Hermenegild, Aderklaa, Weltrus, Adonis, Magnet, Olomucia, Columbus

Sachsen 1836–1870 Comet, Faust, Nordlicht, Saxonia, Crocodil, Nashorn, Pirna, Löbau, Casuar, Wolfsgefährt, Prinz Handjery, August Der Starke, Blücher, Kaiser, Washington, New Orleans, Edle Krone, Granaten, Himmelfahrt, Zermatt, Fünfzehnhundert, Veracruz, Vesuv, Kohle, Adhäsion, Rolle, Seil, Arbeit, Motor, Berggeist, Dante, Hebbel, Schlömilch, Moltke, Krupp, Raphael, Gold, Arsen, Zwönitz

Oldenburg 1867–1917 Landwührden, Ollen, Hohenzollern, Schnipp, Schnapp, Schnurr, Hin, Her, Kurz, Klein, Tick, Tack, Tuck, Adler, Beaune La Rolande, Verdun, Bayern, Ratte, Maus, Gnu, Hyäne

Mecklenburg 1848–1894 Marschall Vorwärts, Hulda, Hanne Nüte, Bräsig, Triddelfitz

Preußen 1841–1880 Kalkstein, Pikollos, Sedan, Moskau, Elsass, Pluto, Vorwärts, Colonia, Beethoven, König Wilhelm, Barbarossa, Düppel, Hydra, Giraffe, Deutschland, Oder, Weichsel, Themse, Friedrich Der Grosse, Columbus, Bayern, Königgrätz, Glasgow, Gumbinnen

Lombardei 1839–1852 Lambro, Enrico Dandolo, Bacchiglione, Theodolinda

Großbritannien 1900–1959 Ajax, Anti-Aircraft Command, Ayrshire Yeomanry, Belgian Marine, Bibby Line, Bulldog, 3rd Carabinier, Compton Manor, Fighter Pilot, Gibraltar, Gazelle, Holland-America Line, Robin Hood, Saxonia, Shooting Star, Oliver Cromwell

Und welche Lok überführte 1965 den toten britischen Kriegspremier Winston Churchill von London zur letzten Ruhe nach Bladon in Oxfordshire? Die WINSTON CHURCHILL!

SED-Nachklang 1958 zur Namenskultur: Die 23 1012 der DDR-Reichsbahn als »Jugendlok V. Parteitag«. Für den VI. Parteitag 1962 musste dann schon eine Diesellok herhalten.

Nummern statt Namen

40

Ziffer und Zahl

Neue Kommunikationstechniken forderten neue Übersichtlichkeit. Kombinationen römischer Zahlen mit Groß- und Kleinbuchstaben waren bei der Übertragung in Morsezeichen fehleranfällig und störten damit die Telegrafie. Mit immer weiterer Differenzierung der Bauarten wusste man bald auch kaum mehr, mit welchen Zeichen man nun die vielen Varianten kennzeichnen sollte. Immer lästiger wurde das System der Namen.

Auf dem Wege zur Lochkarte: arabische Ziffern siegen

Wie leicht konnte man BELLALP und BELLHORN verwechseln und wie schwer taten sich schulisch kaum gebildete Handwerker mit der korrekten Schreibung von BRIARIUS, DIONYSOS, BAZEILLES oder REMIGIUSBERG. Etwa 1890 war der Übergang aller größeren Bahnver-

Auch Ziffern konnte man dekorativ gestalten, wie hier an einer 1'Ct von Maffei für die Italienischen Staatsbahnen anno 1909.

Schöne Ziffern auf einer schönen Lok: Die 1918 gebauten 2'D-Lokomotiven der Gattung It der Kaschau-Oderberger Bahn in der Slowakei wurden in die Nummerngruppe 351–355 sortiert.

waltungen auf die nummerische Kennzeichnung der neu beschafften Lokomotiven abgeschlossen. Lediglich Oldenburg taufte unverdrossen weiter, auch wenn schließlich sogar Pudel, Dackel, Mops, Spitz, Ratte und Maus als Paten herhalten mussten, nachdem man schon mit Schnipp, Schnapp und Schnurr einen reichlich exklusiven Humor bedient hatte.

Ziffer zählt

Die primitivste Methode der Nummerierung bestand in der schlichten Durchzählung des Parks mit einer Spezifizierung lediglich anhand der schon eingeführten parallelen Gattungsbezeichnung. Größere Übersichtlichkeit erzielte man mit durchlaufenden Nummerngruppen für bestimmte Lokomotivtypen. Die Übersichtlichkeit verkehrte sich freilich wieder ins Gegenteil, wenn etwa der Nummernraum 1401 bis 1499 belegt war, die anschließende Gruppe 1501 ff. auch schon besetzt war und deshalb die Weiterbauten der als »1400er« bekannten Type in einer wieder ganz anderen Hunderterreihe Platz finden mussten. Übrigens pflegten die Bahnen Österreich-Ungarns und der Nachfolgestaaten die Besonderheit, die Tender separat zu nummerieren, obwohl die Tender zwischen zwei großen Werkstättenaufenthalten im Betrieb nie getauscht wurden. Das wäre wegen der unter hoher Federspannung stehenden Kupplung und der diversen Leitungsverbindungen viel zu umständlich gewesen.

Der große Reifungsschritt

41

Reihen- und Ordnungsnummern

Fast unbegrenzte Nummernräume gewann man, wenn man die identifizierende Reihenbezeichnung separierte und ihr eine Ordnungsnummer aus einer mit 01 oder 001 beginnenden und nach oben unbegrenzten Zahlenreihe folgen ließ. Auch innerhalb eines gereiften Systems mit Reihen- und Ordnungsnummern kehrte aber die Nummerngruppe wieder, nämlich zur Differenzierung von Unterbauarten. Die 1920 gebildete Reichsbahn ging 1925 an die ultimative Einreihung von 25.000 Dampflokomotiven und trennte innerhalb der Reihenbezeichnungen die einzelnen Varianten etwa als 38^0, 38^2, 38^4, 38^{10} usw.

Wohlweislich verzichtete man auf eine vielleicht alsbald überholte Verschlüsselung von Achsfolgen, Höchstgeschwindigkeiten oder Gewichtsklassen in der Reihenbezeichnung und bildete ganz einfach numerische

Gruppen, hier aufgeführt mit den wichtigsten im übernommenen Bestand vorkommenden Achsfolgen:

01–19 Schnellzugloks	13: 2'B	17: 2'C	18: 2'C1'	19: 1'D1'		
20–39 Personenzugloks	36: 2'B	37: 1'C	38: 2'C	39: 1'D1'		
40–59 Güterzugloks	54: 1'C	55: D	56: 1'D	57: E	58: 1'E	59: 1'F
60–79 Personenzugtenderloks	70: 1Bt	73: 1'B2't	74: 1'Ct	75: 1'C1't	77: 1'C2't	78: 2'C2't
80–96 Güterzugtenderloks	91: 1'Ct	92: Dt	93: 1'D1't	94: Et	95: 1'E1't	96: D'Dt
97 Lokomotiven für kombinierten Zahnrad- und Reibungsbetrieb	Achsfolgen C1't, 1'Ct, 1'D1't, Et					
98 Lokalbahnloks (definiert durch eine Achsfahrmasse von unter 13 Tonnen)	Achsfolgen Bt, B1, B'Bt, B'B't, Ct, 1'Ct, C1't, Dt, D1't, 1'Dt					
99 Schmalspurloks	Achsfolgen Bt, B'Bt, B'B't, Ct, 1'Ct, C'Ct, Dt, Et für 750, 785, 900 und 1000 mm Spurweite					

Sehr schnell erfüllte sich die Erwartung, dass die Eisenbahner wussten, was sie sich unter einer 38 oder 74 vorzustellen hatten, auch wenn sich in diesen Zahlen keine technische Symbolisierung verbirgt.

Und haben wir da nun mit den so großen Nummerngruppen ab 01, 20, 40, 60 und 80 etwas vergessen, wenn wir hier erst ab 13, 36 usw. zählen? Nur Geduld, da kommt noch was nach!

Für den Betrachter der kostbaren Schildersammlung verbindet sich mit jeder Nummer die konkrete Vorstellung von einer Dampflok der Deutschen Bundesbahn.

Beruf mit Feuer und Wasser

Der Heizer

42

Wen elterliche Bestimmung oder eigene Leidenschaft zu einer Berufstätigkeit auf der Dampflokomotive brachte, der wurde zunächst für eine ganze Weile Heizer. Basis dieser Tätigkeit konnten ein paar Jahre Arbeit im Werkstättendienst oder eine Ausbildung in einem metallverarbeitenden Beruf sein, jeweils mit anschließender Anlernzeit für den Fahrdienst. Viele Soldaten der Mannschaftsdienstgrade hatten nach zwölf Jahren Militärzeit Anspruch auf weitere »Verwendung« beim Staat und gingen zur Bahn. Die Arbeit des Heizers erschöpfte sich nicht darin, ständig Kohle in die Feuerbüchse zu schaufeln. Vielmehr hatte er in jeder betrieblichen Situation genau jene Dampfproduktion zu gewährleisten, die der Lokführer zur Einhaltung seines Fahrplans nach Maßgabe des Zuggewichts benötigte.

Nahrung und Wasser fürs schwarze Tier

Selbstverständlich war Zentrum der Arbeit die Beschickung des Rostes in der Feuerbüchse, aber bitte nicht irgendwie mit der schieren Menge von Kohle, sondern mit geschickter Verteilung in alle Ecken. Genauso wichtig war es, in situativ richtiger Auswahl dem Kessel mit den beiden Speiseeinrichtungen kaltes oder vorgewärmtes Wasser zuzuführen. Erforderten Fahrplan und Streckenprofil gerade eher eine mäßige Dampfproduktion, so speiste man kaltes Wasser mit dem Injektor. Wollte man Hitze und Verdampfung steigern, gab man warmes Wasser mit der Speisepumpe.

Zwei Männer, eine Verantwortung

Weil der Blick vom Führerhaus am voluminösen Kessel entlang auf die Signale schwierig ist, war der Heizer genauso wie der Lokführer zu deren Beobachtung verpflichtet. Wer als Erster ein »Frei!« oder »Halt!« oder »Halt Erwarten!« erkannt hatte, musste dies seinem Nebenmann zurufen. Beim Zwischenhalt war es selbstverständliche Aufgabe des Heizers, abzusteigen und die Stangen- und Achslager optisch wie manuell auf Überwärmung zu prüfen mit der Ölkanne zu versorgen. Bei Aufenthalten war es nie verkehrt, am Wasserkran das Lebenselixier der Maschine nachzufüllen. Wegen Wassermangels eine Zuglaufstörung zu verursachen, garantierte einem Lokpersonal (so nannte man die Zweiermannschaft) den ausführlichsten Dialog mit vorgesetzten Beamten und das lebhafteste Kantinengespräch.

Feuer in Eritrea 2019 oder Wasser für die 44er der DB um 1970: der Heizer als Beherrscher der Elemente!

Beruf mit Regler und Bremse

Der Lokführer

43

Nach einer Bewährung als Heizer konnten der handwerklich ausgebildete Mann und nach jahrelang guten Leistungen auch der schlicht angelernte Kamerad auf die andere – in Deutschland rechte – Seite der Maschine hinüberwechseln und als Reservelokführer und schließlich Lokomotivführer seine Laufbahn fortsetzen. Erste Wege für den Fahrdienst führten zum Bahnarzt: Die Kriterien waren streng. Nicht nur eine Hörminderung oder eine Farbenblindheit, sondern schon eine mit Brille korrigierbare Kurzsichtigkeit waren Ausschlussgründe. Bei der Bundesbahn arbeitete der Lokführer in einer Beamtenstellung des »Mittleren Dienstes«, wie sie nach mittlerer Reife auch im Dienst von Polizei, Finanzamt, Sozialversicherung oder Rathaus möglich war und ist. Die Beförderung zum Oberlokomotivführer, Hauptlokomotivführer und schließlich Betriebsinspektor änderte nichts an seiner stetigen Aufgabe der verantwortlichen Führung des Zuges. Mit dem Reglerhebel bestimmt der Lokführer die Geschwindigkeit der Lokomotive, mit der Steuerung die Dampfmenge pro Kolbenhub. Die rechte Hand bleibt

Linke Hand am Regler: Signal erkannt, Meldung an den Heizer!

Beschaulichkeit auf der Lokalbahn mit der Handglocke um 1900!

immer in der Nähe der Hebel für die Druckluftbremsen von Lok und Zug. Arbeitspsychologischer Anschaulichkeit entspricht es, dass der Lokführer fürs Fahren die Griffe von sich weg und fürs Bremsen zu sich her bewegt. Ebenso wie der Heizer beobachtet der Lokführer ständig den ausreichenden Wasserstand in den beiden Prüfgläsern. Bei Aufenthalten beteiligt er sich an der ambulanten Pflege.

Vier Fäuste für Feuer und Fahren

Die Zusammenarbeit zwischen den beiden Männern war Voraussetzung für gutes Fahren. Erlaubt oder nicht: Der nach einer Steigung schweißgebadete Heizer tauschte mit seinem »Meister« schon einmal für eine Viertelstunde die Schaufel gegen den Regler. Der erfahrene Lokführer zeigte dem jungen Heizer die richtige Feuerführung bei einer ihm unvertrauten Lokomotivtype; und der geschickte Heizer ging wortlos ans Bremsventil, wenn der mit mäßigem Fingerspitzengefühl begabte Meister ein wenig hilflos herüberschaute. Viele Erzählungen künden von Licht- und Schattenseiten der Schicksalsgemeinschaft auf dem Führerstand. Ein Bahnbetriebswerk mochte einen vierstelligen Personalbestand beschäftigen, doch ein Psychologe gehörte nicht dazu. Mit Depression, unverarbeitetem Kriegstrauma, Alkoholsucht oder Unzuverlässigkeit des Nebenmannes klarzukommen, blieb dem eigenen Geschick der »Schwarzen« überlassen.

Mit Gefahren gefahren

44

Problem Promille

Steigungen und Gefälle auf der Strecke – unter den Aspekten von Zugkraft und Bremstechnik überaus bedeutsam – werden in Promille angegeben. Im Reibungsbetrieb unterhalb des Sonderfalls der Zahnradbahn (siehe S. 158) liegt die Grenze bei etwa 40 Promille. Stets kämpften die Bahnverwaltungen aber auch gegen die 1 bis 2 Promille in der aus dem Straßenverkehrsrecht geläufigen Bedeutung. Noch im gesamten 19. Jahrhundert war der Branntwein der allgegenwärtige stumme Begleiter bei Militärdienst und körperlicher Arbeit. Das amtliche Verbot seines Gebrauchs auf den Führerständen stieß an Grenzen der Durchsetzbarkeit.

»Bier ist kein Alkohol!«

Bis weit ins 20. Jahrhundert galt Bier überhaupt nicht als »geistiges Getränk« im Sinne von Belehrung und Verbot, sondern als schlichter Nahrungsbestandteil für alle körperlich arbeitenden Menschen. Es ist vielfach überliefert, wie beim Stationsaufenthalt das Bedienungsmädchen gut gefüllte Krüge aus der Bahnhofswirtschaft auf den Führerstand reichte. Kein Vorsteher hatte Lust, mit kritischen Worten den Betriebseisenbahnern die Laune und sich die Vorfreude auf das eigene mittägliche Bier zu verderben.

Bundesbahn macht Ernst

In Zeiten höherer Geschwindigkeiten und zunehmend lebenswichtiger Bedeutung der Signalbeobachtung schwand die Toleranz. Statistik ist das halbe Leben. Am 15. März 1961 erfasste die Hauptverwaltung der DB in Frankfurt (Main) bundesweit die Fälle des unzulässigen Alkoholgenusses im Fahrdienst. Im Jahre 1960 hatte es 17 Dienstversäumnisse aufgrund von Alkoholgenuss gegeben. 24 Lokführern und 12 Heizern hatte man vor Dienstantritt die Fahrt versagen müssen. 28 Führer und 15 Heizer waren während des Dienstes beanstandet worden. Präzision muss sein: Am nüchternsten waren die Direktionen Augsburg und Münster mit je einer schwankenden Gestalt gefahren, während in den Bereichen Essen, Hannover und Saarbrücken 10 bis 11 Fälle aufgetreten waren. Die Strafjustiz war freilich nur selten tätig geworden. Von 47.483 Triebfahrzeugbediensteten im Jahresdurchschnitt 1960 waren 96 verurteilt worden.

Betroffene wurden vom Lokführer zum Heizer degradiert, ganz aus dem Fahrdienst genommen oder in den Ruhestand versetzt. Individuelle Hilfe jenseits der beamtenrechtlichen Möglichkeiten war weithin noch ein Fremdwort. Mit einer manifesten Suchterkrankung – durch Bedingungen ständigen Schichtdienstes oft weitab von daheim begünstigt – blieb der Patient letztlich allein.

Theoretisch nur für die Reisenden in der Bahnhofswirtschaft, in der Praxis auch für die durstigen Männer des Betriebes: die alten Steinkrüge

Achtung Bruchgefahr!

45

Achtung Lebensgefahr!

Lokführer taten gut daran, entsprechend der Fahrdienstvorschrift die Steuerung bei jedem auch kurzen Verlassen des Führerstands auf die Nullstellung festzulegen und den Regler vollständig zu schließen. Sie konnten zwar auf die Bremswirkung der Zuggarnitur vertrauen, doch war vielleicht der allmähliche Druckabfall ursächlich für die Anekdote von dem Bayreuther Lokführer, der mit dem Motorrad versuchte, seinen herrenlos abgefahrenen Nebenbahnzug einzuholen.

Bei der Abfahrt aus dem Schuppen musste sich der Lokführer vergewissern, ob die Steuerung der Maschine entsprechend der Logik »vorne heißt vorwärts« angeordnet war. Sonst konnte es ihm wie dem Lokführer im sächsischen Löbau gehen, der in seiner Gewöhnung an die 75er sächsischer Herkunft vergaß, dass er heute auf einer 75er badischen Geblüts stand. An dieser Stelle fehlte dem Schuppen anschließend die Rückwand.

Verborgene Gefahr

Todesfälle waren zu beklagen, als ab 1911 über immer weiteren Gleisen Fahrdrähte mit ihrer Spannung von 15.000 V hingen. Lokführer und Heizer hatten seit jeher Tender und Lokomotive bestiegen, um Kohle in Richtung Führerhaus vorzuziehen oder Störungen an Pfeife oder Sanddom zu beheben. Trotz aller Belehrungen und der Blitzpfeilschilder an allen Aufstiegstritten der Lokomotiven wurde immer wieder die tödliche Gefahr aus dem so dünnen Draht übersehen, die ja schon bei Unterschreitung eines Abstands von etwa 80 Zentimetern akut wird. Nachstehend eine kurze Chronik von sämtlich tödlichen Unfällen aus der Nachkriegszeit:

- 15. September 1946 München-Ludwigsfeld: Ein Lokführer besteigt den Langkessel und berührt mit dem Kopf die Fahrleitung.
- Januar 1946 Nürnberg Rbf: Ein Lokführer versucht die Instandsetzung der Pfeife und kommt der Leitung zu nahe.
- 8. Januar 1946 Kornwestheim: Ein Lokführer steigt zur Nachprüfung eines Absperrventils auf den Langkessel und berührt mit dem Kopf die Leitung.

Schilder auf der Lok warnten vor den Gefahren.

- 13. Juli 1947 Treuchtlingen: Ein Reservelokführer besteigt den Langkessel und kommt der Leitung zu nahe. Durch den Sturz von der Lok erleidet er einen tödlichen Schädelbruch.
- März 1948 München Ost: Der Lokführer überprüft vom Führerstanddach aus die Pfeife.
- 10. Mai 1949 Kornwestheim: Ein Lokführer untersucht auf dem Kessel eine Undichtigkeit und berührt die Leitung.

Im Internet greifbar ist ein Lehrfilm der DB mit dem Titel »Verborgene Gefahr« aus den 1950er-Jahren, der reale Oberleitungsunfälle aus dem Bereich der DB Stuttgart anschaulich und erschreckend rekonstruiert. Schwere Personenunfälle im Bahnbetrieb konnten und können nie gänzlich ausgeschlossen werden. Einfach vermeidbar wären jedoch früher Tod oder lebenslange Schwerstbehinderung durch die tollkühne Annäherung meist junger Abenteurer an die Oberleitung. Kletterpartien an fahrenden oder stehenden Schienenfahrzeugen und Hochspannungsmasten aller Art sind genauso absolut verfehlt wie der Spaziergang auf der Autobahn, das Selfie auf dem Gleis, die Slalomfahrt auf dem Bahnsteig oder der Kopfsprung in ein völlig unbekanntes Gewässer.

Fingerspitzengefühl von Vorteil

Frauen im Bahndienst

46

Gendersternchen habe ich in den Kapiteln über das Fahrpersonal nicht etwa versehentlich weggelassen. Die Bahnen fast der ganzen Welt waren sich darüber einig, kaum je Frauen auf der Dampflokomotive zu beschäftigen. Ausnahme war nur die Sowjetunion. Sicherlich war es richtig, die körperliche Schwerarbeit des Heizers den Männern zu überlassen. Und der Weg an den Regler führte nun einmal über den Heizerberuf. Erst im Zeitalter der Elektro- und Dieselfahrzeuge gibt es – immer noch selten – die Triebfahrzeugführerin.

Die »Drehscheiberin«

Frauen treffen wir allerdings im Betriebswerk an. Dessen im wahrsten Sinne des Wortes zentrale Einrichtung war die Drehscheibe, in modernen Zeiten keine »Scheibe«, sondern eine 16, 20, 23 und manchmal 26 Meter lange mächtige Drehbrücke. Mit ihr konnte man die Lokomotive wenden; und nur mit ihr konnte man die Lokomotive in das für sie bestimmte Schuppengleis einrücken lassen bzw. ihr die Rückkehr in die weite Welt ermöglichen. Und nachdem man den Antrieb der Drehscheibe von Muskelkraft auf Elektromotor umgestellt hatte, setzte man im Bedienungshäuschen recht häufig eine Frau ein. Das von ihr erwartete größere Fingerspitzengefühl versprach man sich auch, wenn man ihr die Bedienung des riesigen, ebenfalls elektrisch betriebenen Krans anvertraute, der zu Häupten der modernen Bekohlungsanlage in seinem Greifer mächtige Tonnenlasten des kostbaren Brennstoffs umsetzte.

Bitte recht freundlich!

Wie so oft im Arbeitsleben tat man gut daran, sich mit Menschen auch in nachgeordneten Funktionen gut zu stellen. Den Lokführer, der für »Drehscheiber« oder »Drehscheiberin« oder Kranbedienung nie eine Zigarette und vielleicht noch nicht einmal ein freundliches Wort übrig hatte, konnte die Kollegin ja einfach immer ein wenig warten lassen.

»Einheimisches Lokpersonal« lautet die lapidare amtliche Beschriftung dieses Fotos aus dem Russlandfeldzug. Die deutsche 57 fuhr auf umgespurten Gleisen.

Deutsche
57

Außendienst an der Dampflok

Betriebsarbeiter in Sonne und Regen

47

Eine Besonderheit der Dampflokomotive – und nicht zuletzt ein Stück ihres traurigen Schicksals in Zeiten steigender Personalkosten – war die umfassende Vor- und Nacharbeit rund ums Fahren. Rollte die Maschine nach gehabter Zugleistung ins Betriebswerk, so durfte sie sich sogleich wie auf einer Intensivstation fühlen. Per Wasserkran wurde der Tender bis zur Halskrause aufgefüllt. Etwas weiter brachte man den Tender in die richtige Position unter der Füllvorrichtung der Bekohlungsanlage. Ein Stück versöhnlicher Erinnerung an Zeiten der deutschen Teilung bleibt, dass der demonstrative Halt der aus der DDR nach Hof, Bebra, Helmstedt und Hamburg-Altona gekommenen brikettgefeuerten Loks unter den dortigen Bekohlungsanlagen freundlich mit etwas Steinkohle beantwortet wurde. Vielerorts schon gleichzeitig und an gleicher Stelle stieg ein Betriebsarbeiter auf Pufferträger und Trittstufen und öffnete mit einigen Hammerschlägen die so vertraute »große Klappe« am vorderen Ende des Kessels, zu Deutsch die Rauchkammertür. Die »Lösche«, will sagen: die dort angesammelte Flugasche herauszuschaufeln, war gewiss eine Tätigkeit, bei der die spezielle Romantik des Dampfbetriebs selten empfunden wurde. Anekdoten vom Arbeiter, hinter dem die Tür versehentlich geschlossen wurde, sind so lustig wie unsinnig: Niemand kroch in die heiße Rauchkammer hinein. Weit mehr unverbrannte Rückstände in Gestalt grober Asche und Schlacke mussten natürlich auch aus dem Aschkasten in die Schlackengrube zwischen den Schienen ausgeleert werden. Auch dies eine schwere Dreckarbeit für Männer, von denen nur wenige jüngere davon träumen konnten, einmal in den Fahrdienst überzuwechseln. Wenn dann vielleicht noch der Sand nachgefüllt war, konnte die erfrischte Maschine endlich zur Ruhepause in den Lokschuppen einrücken.

Der Sturzhelm ist noch nicht erfunden: »Löscheziehen« bei einer 86 der ÖBB um 1960

48

Innendienst an der Dampflok

Schuppenheizer in der Düsternis

Eine längere Pause namentlich bei Kälte und über Nacht verbrachte die Dampflokomotive im Schutz des Lokomotivschuppens. Die Wärme der Umgebung und ein leichtes Grundfeuer im Inneren ersparten dem Kessel eine ungünstige gänzliche Auskühlung vor dem neuen Anheizen. Während das Fahrpersonal in der dienstlichen Übernachtung oder zuhause die verdiente Ruhe genoss, ging der Schuppenheizer von Lok zu Lok, legte jeweils eine Schaufel Kohle auf den Rost und speiste ein wenig Wasser nach.

Nachdem 1941 im irrsinnigen Ostfeldzug hinter der kämpfenden Truppe auch die deutschen Eisenbahner auf hastig umgespurten Gleisen fast bis Moskau und Leningrad vorgerückt waren, scheiterten sie mit ihren friedens-

Kleinreparatur im Bw München Hbf: Die Schieber erhalten neue Kolbenringe.

mäßig ausgestatteten deutschen Lokomotiven schon an der schlichten Tatsache, dass die abziehenden Sowjets alle Lokschuppen gesprengt oder abgebrannt hatten. Bei Temperaturen von minus 25 Grad Celsius kann man eine nicht speziell frostgeschützte Lokomotive kaum über Nacht betriebsfähig halten. Die Rohrleitungen zu Injektor, Speisepumpe, Luftpumpe und Turbogenerator nebst zugehörigen Ventilen frieren ein. Der Inhalt des Tenders erstarrt zu einem einzigen Block. Überall sprengt Eis das Metall.

Kein Reiten ohne Stallarbeit

Der Schuppenheizer im friedensmäßigen Bahnbetriebswerk (Bw) hat natürlich auch im Kopf, welche Maschine um 4.32 Uhr mit dem ersten frühen Arbeiterzug abfahren soll, welche Lok um 4.51 Uhr am Nachtschnellzug ablösen muss und welche Lok um 5.20 Uhr den schweren Güterzug aus Richtung Norden übernehmen soll. Gerne mal mit einem Freibier motiviert, wird er das Feuer der jeweiligen 38 oder 03 oder 44 auch schon vor Ankunft des Fahrpersonals etwas heller aufbauen. Gut zwei Stunden vor der Abfahrt des Zuges sind Lokführer und Heizer zur Stelle, bringen den Dampfdruck so in die Höhe, dass Speise- und Luftpumpe anspringen und die Rangierfahrt möglich ist. Zugleich werden wie immer die Lager geschmiert und die notwendigen Papiere geordnet. Und dann steht der Ausfahrt in Richtung Drehscheibe und Bahnhof und neuem Arbeitstag nichts mehr entgegen. Nur das Wasser füllt man noch einmal auf. Und entgegen kommen die erschöpften 01, 41 und 78 von den Nachtfahrten.

In Österreich hieß die Lokomotivdienststelle anschaulich »Heizhaus«. Am 2. September 1957 schaut die 91.70 aus dem Tor der 1844 gebauten und 1980 abgebrochenen »alten Montierung« im Heizhaus Mürzzuschlag an der Semmeringbahn.

Behörde für Lokomotiven

49

Das Bahnbetriebswerk als technische Dienststelle

Wir haben Wassertürme, Bekohlungsanlagen, Drehscheiben und Lokschuppen mit all ihrem Personal kennengelernt und werfen nun einen Blick auf organisatorische Hintergründe. Nach einer frühen Phase der unsystematischen Mischung von kleiner Pflege und großer Reparatur der Lokomotiven und Wagen in Werkstätten neben den Bahnhöfen teilte man den lokomotivtechnischen Betriebsdienst vom Ausbesserungswesen und die Betreuung der hölzernen Wagen von derjenigen der stählernen Lokomotiven. So entstand die Betriebswerkstätte mit der Zuständigkeit für den Zugdienst der Maschinen, ihre laufende Wartung und kleinere Reparaturen. In der frühen Reichsbahnzeit wurde die Werkstätte zu dem nach Organisation und Aufgaben reichsweit genormten und definierten Bahnbetriebswerk (Bw) entwickelt. Weil der Maschinen- und der Personaleinsatz noch kleinräumig organisiert sein musste, war die Zahl der Bws groß. Noch 1958 und mithin in einer Phase des bereits zurückgehenden Dampfbetriebs gab es allein im Netz der (westdeutschen) DB noch 224 Bws mit Dampflokbestand. Die oben dargestellte Notwendigkeit einer umfassend sorgfältigen Betreuung für die Maschinen machte die feste Zuweisung von üblicherweise zwischen 20 und 100 Lokomotiven notwendig, die in einem räumlich begrenzten Umfeld liefen. Das ist heute radikal anders. Ob die vom Brenner nach Kornwestheim oder von Bremen nach Leipzig durchlaufende Ellok nun formal in Seelze oder Mainz beheimatet ist, muss den Triebfahrzeugführer nicht interessieren. Das wird erst bei den seltenen Fristarbeiten relevant.

Das klassische Bw war ein wirkliches Universum von Lokschuppen, Drehscheiben, Wasserturm, Bekohlungsanlage, Abstellgleisen … und Arbeitgeber einer Heerschar von Beamten und Arbeitern.

Drehscheibe und Lokschuppen, 50er, 93er und 41er im Bw Limburg/Lahn um 1963

Behörde vieler Menschen

Bahnbetriebswerk als Arbeitgeber

50

Beispielsweise um das Jahr 1955 finden wir im Bw Hamburg-Eidelstedt 50 Lokomotiven und 400 Bedienstete, im Bw Bochum-Dahlhausen 35 Lokomotiven und 380 Bedienstete. Die rechnerische Erklärung beginnt mit der Tatsache, dass zu dieser Zeit eine Lokomotive üblicherweise einem Team von drei Lokführern und drei Heizern zugewiesen war, die einander auf der intensiv genutzten Maschine gegenseitig ablösten. Lokomotiven waren natürlich nicht pausenlos im Einsatz. Sie standen regelmäßig an einem »Auswaschtag« still; und stets weilten 10 bis 20 Prozent des Bestands im Ausbesserungswerk. Außer dem Fahrpersonal haben wir bereits Schuppenmänner und Frauen an Drehscheibe und Bekohlung gewürdigt. Handwerker in der Werkstätte ersetzten gebrochene Federn, gossen ausgelaufene Lager neu, machten klemmende Pumpen gängig, flickten den durchgeglühten Aschkasten und behoben kleine Unfallschäden. Nicht über jedes Missgeschick

Unüberschaubar die Vielzahl des Werkstättenpersonals mit charakteristischen Werkzeugen rund um die bayerische B IX mit dem Namen DEIDESHEIM

Gestalten, Gesichter, Arbeitsgewänder und Kopfbedeckungen in der Arbeitswelt des Bw Mainz vor hundert Jahren.

wollte man einen Aktenvorgang anlegen. Das bewährte »Schmiermittel« Freibier ermöglichte die unbürokratische Geraderichtung eines versehentlich aus der Verankerung gerissenen Puffers.

Papierarbeit für die Sicherheit

Und dann gab es natürlich auch ein Bürogebäude, in dem die Beamten die Umlaufpläne für Lokomotiven und Personal austüftelten und die Aufzeichnungen über ihre Fahrten in die Formblätter eintrugen. Jede Arbeitsstunde und jede nach Anhängelast und Kilometern definierte Laufleistung musste erfasst werden. Genauestens hatte außerdem der Herr über die Betriebsbücher auf die kalendarischen Fristen und kilometrischen Grenzen zu achten, bei deren Erreichung aus Sicherheitsgründen die Fahrt ins Ausbesserungswerk fällig war. Und wenn wir dann noch an die Kantine, das Fortbildungswesen, den Sozialdienst und die Gebäudereinigung denken, dann können wir uns das Bw als einen für Simbach, Kirchenlaibach, Buchloe, Rottweil, Mayen, Altenhundem, Ottbergen, Soltau, Neustrelitz, Eberswalde, Senftenberg, Roßlau oder Probstzella wirklich bedeutenden Arbeitgeber vorstellen.

Intensivstation Ausbesserungswerk

51

Von der Zerlegung bis zur Kesseldruckprobe

Schon erwähnt wurde der kleine Schuppen neben dem Bahnhof, in dem einst Lokomotiven und Wagen nach Bedarf repariert wurden. Später kam die Lokomotive dann nach Schadensfall oder Fristablauf in eine spezielle Werkstätte, in der sich Handwerker an Triebwerk, Kessel, Rädern und Armaturen zu schaffen machten. Schwierig wurde die Sache, wenn ein Zylinder oder eine Achswelle ersetzt werden musste und das Herstellerwerk mit der Lieferung nicht nachkam. Dann wartete die kostbare Maschine schon einmal ein Vierteljahr.

Ausbesserungswerk als Spiegelbild zur Lokfabrik

Ganz anders ging man nach der Werkstättenreform der 1920er-Jahre an die Arbeit. Schon am Tag des Eintritts der Lokomotive ins nunmehrige Reichsbahnausbesserungswerk (Raw) trennte man sie von Kessel und Tender. Es folgte eine weitestgehende Zerlegung mit Zuweisung der Einzelteile in die entsprechenden Fachabteilungen, wo nun sandgestrahlt, abgedreht, genietet, geschweißt und gerichtet wurde. Wenn das Guss-, Schmiede- oder Walzprodukt die vorgeschriebenen Qualitäten und Maße nicht mehr erreichte und in den Schrott musste, so lieferte das mit Lochkartentechnik geführte Ersatzteillager das nach inzwischen durchgeführter Normung garantiert passende Austauschelement.

Und weil nun die Ausbesserungen für Tender, Lauf- und Fahrwerk sowie Kessel planmäßig unterschiedlich lange dauerten, verließ die Lokomotive nach beispielsweise 18 Tagen das Raw mit einem Kessel, der schon vor 26 Ta-

Sozialer Preis der Rationalisierung

Der Lokomotivbestand konnte deutlich reduziert werden. Leidtragende waren viele Städte, in denen kleinere Werkstätten mit all ihren Arbeitsplätzen zugunsten eines verbleibenden Systems großer Raw'e aufgelöst wurden. Nicht zu übersehen war auch die Zunahme des Arbeitsdrucks. Einstige Handwerkskunst wandelte sich in Fließbandarbeit mit statistischer Leistungserfassung.

Das Raw Bremen-Sebaldsbrück um 1935, ein industrieller Großbetrieb!

gen angekommen war, und einem Tender, der erst vor 10 Tagen eingetroffen war. Besaß die Bahn nun also z. B. 100 Lokomotiven von einer gewissen Baureihe, so brauchte sie dafür 95 Tender, jedoch 110 Kessel, um stabil mit immer etwa 80 Loks fahren zu können.

Lokausbesserung am 14. Januar 2014 in China.

Lok und Leute Tag und Nacht

Kunstwerk Umlaufplan

52

Eine spezielle Kunst bestand in Zeiten ohne jeden Funken von EDV in der Erstellung optimaler Umlaufpläne für die Lokomotiven und ihre Personale in enger Zusammenarbeit zwischen dem Bw, dem übergeordneten Maschinenamt und dem Maschinendezernat der jeweiligen Reichs- oder Bundesbahndirektion. Zu beachten war immer der begrenzte Einsatzradius der Dampflok. Wasser nahm man auf Unterwegsbahnhöfen auf, Bekohlen und Entschlacken jedoch waren nicht innerhalb einer Zugfahrt möglich. Der spektakuläre längste Langlauf in Deutschland wurde Mitte der 1950er-Jahre von Frankfurt (Main) über Köln und Dortmund bis Hamburg-Altona über 702 Kilometer geführt. Üblich waren Bespannungsabschnitte bis etwa 500 Kilometer vor Schnell- und 250 Kilometer vor Güterzügen.

Ein Beispiel von unzähligen: 01 intensivst verwendet

Sehen wir uns einen von drei im Sommerfahrplan 1961 für die 01 des Bw Hannover gültigen Umlaufplänen an: In tiefer Nacht bringt die Lok am **Tag 1** den D 275 von Bebra nach Hannover. Nach zwei Ruhestunden fährt ein Bremer Personal mit ihr nach Bremerhaven und bringt sie nach drei Stunden Ruhe vor dem D 284 nach Hannover zurück. Am Bahnsteig werden Lokführer und Heizer von dortigen Kollegen zur Weiterfahrt nach Kassel abgelöst. Nach drei Stunden Pause für Mensch und Lok bringen die beiden den D 183 von dort nach Hannover, wo ihn ein Ablösepersonal bis Bremen übernimmt. Während einer Fahrt mit Bremer Personal nach Bremerhaven-Lehe beginnt der **Tag 2**, an dessen frühem Morgen die Lok nach Bremen zurückkehrt und alsbald den D 184 nach Kassel führt, wiederum mit Personalwechsel am Bahnsteig in Hannover. Nach eineinhalb Stunden bespannt die 01 einen nachmittäglichen Eilzug Kassel–Hannover und nach 5 Stunden Behandlungszeit im Heimat-Bw einen Personenzug Hannover–Hamburg-Altona, bei dessen Ankunft bereits der **Tag 3** angebrochen ist. Der Vormittag vergeht mit der Führung des D 74 nach Kassel (erneut Personalwechsel in Hannover). Am Nachmittag kehrt die 01 mit dem D 73 nach Hannover zurück. Abends meistert sie dann noch mit einem Eilzug die kurze Strecke nach Goslar zur Nachtruhe in den **Tag 4**. Sie fährt morgens leer nach Bad Harzburg, übernimmt dort den D 122 nach Hannover und zwei Stunden nach Ankunft den D 409 über Büchen nach Lübeck. Von dort geht abends die Reise über Hildesheim (Personalwechsel) nach Bebra, wo die Lok wieder in den Tag 1 erwacht.

Beim Blick auf solche bei allen Bahnen der Welt übliche Arbeitsdichte verfliegt der nostalgische Schleier vor der Wirklichkeit einstigen Lokdienstes. Insgesamt brauchte das Bw Hannover im Sommer 1961 für drei Umlaufpläne elf Planloks, die aus einem höheren Gesamtbestand rekrutiert wurden. Ständig verließ ja irgendeine Lok den Plan in Richtung Auswaschtag, kurze Reparatur oder große Ausbesserung und wurde von einer hieraus zurückkehrenden Schwesterlok ersetzt. Die durchschnittliche Tagesleistung lag bei stolzen 698 Kilometern. Und fast überflüssig zu erwähnen: Genau in derselben Anspannung arbeiteten zu jener Zeit auch die Bws Köln-Deutzerfeld, Treuchtlingen, Osnabrück, Stuttgart, Saarbrücken, Bebra, Duisburg-Wedau, Gremberg, Berlin Ostbahnhof, Leipzig West, Stralsund, Erfurt P oder Wittenberge, die Zugförderungsleitungen Linz, Wien Ost oder St. Veit an der Glan und die Depots Paris La Vilette, Thionville oder Mulhouse.

Dienstplangemeinschaft oder Brigade: der menschliche Faktor im Umlaufplan, hier beim Bw Leipzig-Wahren 1960

Deutschlands Erste

53

Der ADLER

Natürlich darf die erste Lokomotive, die auf deutschen Schienen gefahren ist, in unserem Überblick nicht fehlen. Nicht staatliche Autoritäten, sondern finanzkräftiges Bürgertum unternahm es, die kommerzielle Nachbarschaft zwischen Nürnberg und dem 6 Kilometer entfernten Fürth mit Dampfkraft auf stählerner Grundlage zu verfestigen. Als diese »Ludwigs-Eisenbahn« gebaut wurde, musste die Lokomotive noch von Stephenson aus England importiert werden. In Einzelteile zerlegt, wurde sie per Schiff rheinaufwärts befördert. Montiert wurde sie unter Leitung des aus England mitgekommenen Lokomotivführers William Wilson, der in Nürnberg heimisch wurde und dessen Ehrengrab heute noch gepflegt wird. Er bezog wegen seiner Qualifikation ein höheres Gehalt als der Vorstandsvorsitzende der Aktiengesellschaft!

Am 7. Dezember 1835 absolvierte der Dampfzug unter größter Anteilnahme der Öffentlichkeit seine erste Fahrt. Die mit dem stolzen Namen ADLER versehene Lokomotive war schon nach den Maßstäben ihrer Zeit und auch im Sortiment von Stephenson eine recht bescheidene Konstruktion und wirkt heute fast wie ein Spielzeug. Aber für ihre Zeitgenossen war sie ein Wunderwerk. Der Pressebericht von einer Probefahrt schildert den »erhabenen Eindruck, wie der ungeheure Koloss ruhig seine Bahn dahinwandelte«. Als der ADLER 1857 ausgedient hatte, dachte niemand an dessen museale Erhaltung. Eine ganze Anzahl von teilweise sogar betriebsfähigen Nachbauten tröstet uns jedoch über den Mangel hinweg.

Gedenkblatt 19. Jahrhundert

54

Die Veteraninnen

Ob wir nun mit den noch im 21. Jahrhundert aktiven Dampfloks fahren oder Digitalmodelle im Hobbykeller kreisen lassen, ob wir kostbare Schwarz-Weiß-Fotos aus einstigem Betriebsalltag archivieren oder bei der Sonderfahrt den ultimativen Digitalschuss anstreben, ob wir den Geschichten der älteren Eisenbahnergeneration lauschen oder im Betreiberverein einer Museumsbahn handwerklich tätig werden: Fast immer geht es um die noch weithin bekannten Lokomotiven des 20. Jahrhunderts, die übrigens vor einer noch nicht so unendlich langen Zeit 1970 (Westen) und 1980 (Osten) irgendwo im Bahnhof oder auf der Strecke keineswegs als technische Dinosaurier belächelt wurden.

Kein heute Lebender hat eine solche Lok gekannt. Die für ihre Zeit typische 1B von Schichau wurde 1871 für die Hannoversche Staatsbahn gebaut und bald nach 1900 ausgemustert.

Zu den für die bayerische C III mit dem Namen GABELSBERGER maßgeblichen Bauprinzipien gehörte der in Deutschland um 1880 aufgegebene Außenrahmen. Die von Maffei 1868 gebaute Lok fuhr bis 1914.

Nur wenige Fotos und schriftliche Schilderungen, doch absolut keine persönlichen Erinnerungen haben wir jedoch von den auch schon vielen tausend Lokomotiven, die im 19. Jahrhundert gebaut wurden, ihre zwei oder drei Jahrzehnte dienten und dann mit ungerührter Selbstverständlichkeit verschrottet wurden – übrigens noch nicht mit dem Schneidbrenner, sondern mit Vorschlaghammer und Meißel.

- 1850 fuhren in Deutschland 800 Lokomotiven,
- 1870 waren es 5500,
- 1880 waren es 10.900,
- 1890 waren es 14.200,
- 1900 waren es 19.100 und
- 1913 die fortan nie mehr erreichte Zahl von 29.500.

Auch der ernsthafte Eisenbahnfreund hat naturgemäß nur schwache Vorstellungen von den allein 292 Loks der Achsfolge 1B, die sich die zwischen Venlo/Stolberg und Siegen/Holzminden tätige Bergisch-Märkische Eisenbahn zwischen 1850 und 1876 zulegte, oder von den 229 C-Güterzugloks der Rheinischen Eisenbahn aus den Jahren 1856–1879.

Wir können auch hier dieses Defizit nicht beheben und müssen uns mit dem Gedenken an die stille und ernste Arbeit vieler tausend Männer unter harten betrieblichen und sozialen Bedingungen begnügen.

Typengalerie: Sieg der Heißdampflok

55

Preußische P 8

Es wird Zeit für die Präsentation gelungener und verbreiteter Lokomotivtypen des 20. Jahrhunderts – unter schmerzlicher Vernachlässigung vieler hundert anderer Baureihen. Zu den administrativen Rahmenbedingungen ist anzumerken, dass in Deutschland und Österreich-Ungarn im späten 19. Jahrhundert alle Privatbahnen oberhalb des lokalen Kleinbahnwesens verstaatlicht wurden. Entsprechend der bundesstaatlichen Ordnung des Kaiserreichs war das deutsche Eisenbahnwesen Ländersache, sodass wir große eigenständige Bahnverwaltungen in Bayern, Württemberg, Baden, Sachsen, Oldenburg, Mecklenburg und allen voran in Preußen finden.

In technischer Hinsicht sehen wir den – nie mehr auf breiter Front überschrittenen – Ausreifungsgrad der Dampflokomotive mit Überhitzer und Speisewasservorwärmung. Robert Garbe, der mächtige preußische Maschinendezernent, hielt in seinem grenzenlosen Vertrauen auf die von ihm vehement propagierte Heißdampflokomotive jeden Schritt über die um 1905 erreichten Größen- und Gewichtsklassen der Lokomotiven für entbehrlich. Der von ihm entworfenen vermeintlichen Schnellzuglok der Bauart 2'C h2 gab die Verwaltung mit Blick auf die nur 1750 Millimeter großen Treib- und Kuppelräder richtigerweise das Gattungszeichen P für eine Personenzuglok. Im Personenzugdienst bewährte sich die 1906 vorgestellte P 8 – nach Garbes Pensionierung in vielen Teilen verstärkt – bis in die 1970er-Jahre in Deutschland und wegen der zeitgeschichtlichen Verwerfungen auch in Frankreich, Belgien, Polen und Rumänien ausgezeichnet. Garantie für ihre stets gelobten Verdampfungsqualitäten war der lange und schmale Stehkessel mit der weit nach vorne reichenden Feuerbüchse. Typisch für alle preußischen Loks dieser Zeit war die zwecks Unterbringung des Überhitzers im Verhältnis zum Langkessel dickere Rauchkammer. 1906 bis 1940 wurden 3962 Exemplare gebaut.

So sah die P 8 in ihrer Jugend aus. Als 38er bei Reichs- und Bundesbahn bis 1974 war sie schwarz lackiert und trug Windleitbleche.

Typengalerie: Münchner Schönheit

56

Bayerische S 3/6

Trotz der vorgegebenen Grenzen von Spurweite, Lichtraumprofil und höchstzulässiger Gleisbelastung zwischen 15 und 18 Tonnen pro Radsatz waren bestellender Bahnverwaltung, Herstellerwerk und persönlichen Entscheidungen des Konstrukteurs faszinierend große Spielräume geöffnet. Genau gleichzeitig mit der preußischen Heißdampf-Entwicklungslinie unter strenger Beschränkung auf zwei Zylinder und der – nicht einzigen – Glanzleistung in Gestalt der sparsamen und zweckmäßigen P 8 trieb Anton Hammel bei Maffei in München eine ganz andere Evolution von Vierzylinder-Verbund-lokomotiven auf Barrenrahmen mit hoher Kessellage zu ständig neuen Höhepunkten mit auch gestalterisch höchster Qualität. Als Vollendung gilt die 1908 erstgebaute 2'C1'-Schnellzuglok S 3/6 (bitte unbedingt als echter Bruch zu sprechen!) für die Königlich-Bayerischen Staatsbahnen. Eines hatten P 8 und S 3/6 und all

Das Bild der 1914 für das pfälzische Netz Bayerns gebauten Nr. 344, bei der Reichsbahn 18 428, zeigt die S 3/6 noch in einer glatten Jungfräulichkeit. Speisepumpe, Vorwärmer und elektrische Ausrüstung bescherten den Dampflokomotiven später allerhand Zutaten, die ihre Eleganz minderten.

S 3/6 von 1929 auf der Fahrt zur Abnahme – und S 3/6 von 1918 im musealen Dienst 2004!

ihre Zeitgenossinnen gemeinsam: Jenseits aller inzwischen verfügbaren Formeln zu Heizflächen, Zylinderabmessungen, Radgröße usw. war der untrügliche Instinkt des Konstrukteurs für ideale Proportionen das geheime Erfolgsrezept. So war die S 3/6 nicht die stärkste und nicht die schnellste Lokomotive ihrer Zeit, aber vom Rost bis zum Blasrohr und von den vier Triebwerken bis zum geschmeidig bogengängigen Laufwerk war sie so gelungen dimensioniert und konfiguriert, dass sie für den Schnellzugdienst in ihrer Zeit mit 100 bis 120 Stundenkilometern in der Ebene und 80 bis 100 Stundenkilometern im Hügelland ein ideales Verhältnis zwischen Kohleverbrauch und Leistung mitbrachte.

S 3/6 auch 2021 noch aktiv!

Und vielen Eisenbahnfreunden gilt die S 3/6 als die schönste deutsche Dampflok. 159 Exemplare in laufend verstärkten Serien aus den Jahren 1908 bis 1930 bewährten sich – zuletzt in Gestalt von 30 neubekesselten Umbauloks – bis 1965. Das Bayerische Eisenbahn-Museum Nördlingen hat ein Exemplar von 1918 zu neuem Leben erweckt.

Typengalerie: Fahrt in den Schützengraben

57

Die Brigadelok des Weltkriegs

Nachdem der amerikanische Bürgerkrieg (1861–1865), der preußisch-österreichische Krieg 1866 und der deutsch-französische Krieg 1870/71 in hohem Maße durch die effektive Nutzung der Eisenbahnen entschieden worden waren, gewann das Eisenbahnwesen in den Planungen aller Generalstäbe gewaltig an Bedeutung. Außer der Aneignung, taktischen Zerstörung und schnellen Wiederherstellung von Schienenwegen und dem Militärtransport auf Vollbahnen galt die Aufmerksamkeit den transportablen Feldbahnsystemen, mit denen Munition in Kampfzonen gebracht werden sollte. Erstes Baumuster in Deutschland war der originelle »Zwilling« in Gestalt von zwei Heck an Heck aneinander gekuppelten Ct-Loks für die einheitliche Spurweite von 600 Millimetern.

Die meistgebaute Tenderlok der Welt

1903 folgte eine stärkere Dt mit bogenläufig einstellbaren Endradsätzen, bald bekannt als »Brigadelok«. Der Irrsinn der Politik wollte es, dass ein deutsches Heer 1914–1918 in Flandern und Weißrussland, in den Vogesen, vor Verdun, in Galizien und am Jordan kämpfte. Der Verbrauch an Geschützen, Maschinengewehren, Granaten, Bauholz usw. überstieg jede Prognose. 15 Hersteller bauten 2573 Brigadeloks. Im Stellungskrieg wandelten sich die provisorischen Bahnen zu stabilen Betrieben mit Personenverkehr und kriegswirtschaftlicher Bedeutung. Nach der deutschen Niederlage 1918 hatten Brigadeloks ein Nachleben bei Industrie, Bergbau, Landwirtschaft und zivilen Kleinbahnen – ein Übertritt aus dem Schlachtgetümmel in die Beschaulichkeit der Ziegeleien, Forstverwaltungen und Dorfstraßen. Die Begegnung mit der Brigadelok bei Museumsbahnen führt zu der Überraschung, wie klein dieses Maschinchen ist, das 70 Tonnen mit 15 km/h befördern kann.

1917 als Feldpostkarte verschickt: das Porträt der Brigadelok

Typengalerie: Kaiser- und Reichsbahnzeit

Die G 12

Bei der publizistischen und künstlerischen Präsentation neuer Lokomotiven lag in später Kaiserzeit und Weimarer Republik Hanomag an der Spitze. Die G 12 im Stil der »Neuen Sachlichkeit«!

Der Erste Weltkrieg veränderte auch elementar die Anforderungen im Hauptbahndienst. Nur auf der Basis einer staatlich geplanten Kriegswirtschaft unter rücksichtsloser Ausplünderung der besetzten Gebiete konnten die unter einer britischen Seeblockade leidenden Mittelmächte über vier Jahre ihre absehbare Niederlage gegen die feindliche Übermacht hinauszögern. Holz aus Russland, Kohle aus Belgien, Eisenerz aus Frankreich, Weizen aus der Ukraine, Schlachtvieh aus Weißrussland, Kupfer aus Serbien und Öl aus Rumänien mussten quer durch das an fünf Fronten kämpfende Imperium ge fahren werden. Nicht etwa wie manchmal behauptet als »Kriegslok«, sondern als Spitzenprodukt für den Güterverkehr im Hinterland, entwickelte Henschel und bauten mehrere Hersteller ab 1917 die außerordentlich gelungene G 12, gekennzeichnet durch die Achsfolge 1'E, drei Zylinder und Barrenrahmen. Die Bestellpraxis für diese Lok ist ein Indiz für den unaufhaltsamen Souveränitätsverlust der Länderbahnen am Vorabend ihres Übergangs auf das Reich 1920. Auch Württemberg, Baden, Sachsen und Elsass-Lothringen bestellten die preußische Type. Der Großteil wurde erst nach Kriegsende geliefert. 1479 dieser Lokomotiven aus den Jahren 1917 bis 1924 dienten den Eisenbahnen in Deutschland (als Reihe 58), Frankreich, Bulgarien und Jugoslawien bis Mitte der 1970er-Jahre.

Traum von der Endgültigkeit

Die Einheitslokomotive

59

Mitten in den chaotischen Zeitumständen zwischen Waffenstillstand und Versailler Friedensvertrag, Inflation und Währungszusammenbruch, kommunistischen Revolten, rechtsradikalen Putschversuchen und Mordanschlägen, ethnischen Kämpfen an der neuen deutschen Ostgrenze und alliierter Rhein- und Ruhrbesetzung startete die 1920 gegründete Deutsche Reichsbahn ein atemberaubendes Innovationsprogramm. Die Konstruktion künftiger Dampflokomotiven sollte auf Typenprogramm und Baukastentechnik basieren. Das Reichsbahnzentralamt Berlin und sein Lokomotivausschuss arbeiteten zusammen mit den Herstellerwerken und einem von

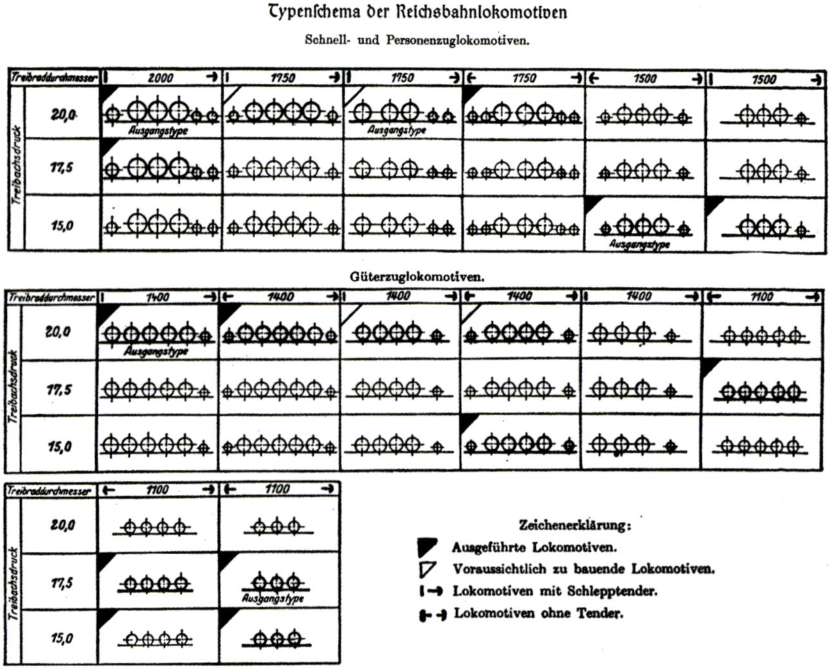

Schema mit abstraktem Wert! Besser fuhren Bahnbehörden, wenn sie Maschinen für konkret erkannten Bedarf bestellten.

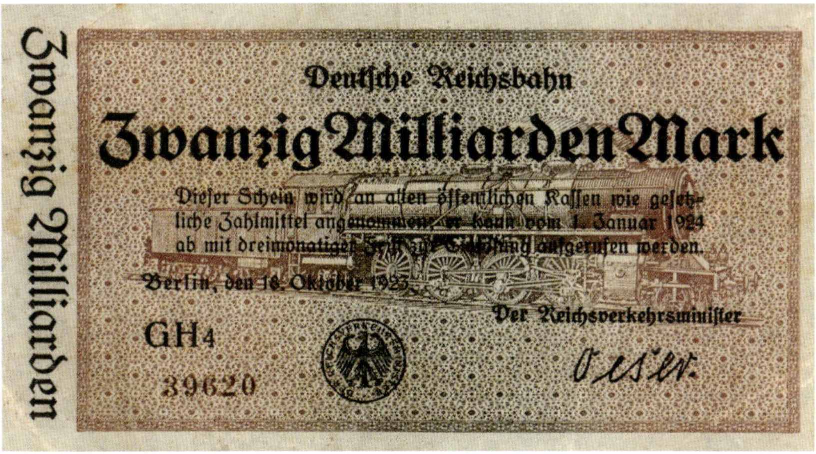

Die Realität der frühen 1920er-Jahre war von anderen Sorgen beherrscht: Die 39 aus dem Jahre 1922 ziert den Notgeldschein aus der Hochinflation. Für 20 Milliarden Mark konnte man sich im Herbst 1923 gerade noch ein Brot kaufen.

ihnen gebildeten Vereinheitlichungsbüro an einem Schema mit vermeintlichem Ewigkeitswert. Von der schweren Schnellzuglok über die leichten, mittleren und schweren Personen- und Güterzugloks bis zu Tenderloks für alle Anforderungen auf Haupt- und Nebenbahnen sollte sogar abgestuft nach Gewichtsklassen mit 15 und 17,5 sowie 20 Tonnen Achsfahrmasse nichts ausgelassen werden. Im Sinne des Normungswerks sollten Zylinderblöcke, Kessel, Radsätze, Drehgestelle und Tender für möglichst viele Baureihen verwendbar sein.

Offenheit fehlt

Eigenartigerweise fehlte der Blick auf den absehbaren Bedarf genauso wie die Offenheit für Innovationen etwa gar nach ausländischen Anregungen. Vielleicht war die elementare Erschütterung aller politischen, wirtschaftlichen und sozialen Gewissheiten und Sicherheiten das unbewusste Motiv für eine fast schon weltabgewandte Entwurfsarbeit. Zweifellos entstanden aus diesem Programm wichtige und unvergessene Lokomotivtypen, doch im Grunde nicht überraschend ließen allein schon neue Geschwindigkeitsvorgaben und die Einführung der Schweißtechnik die Tableaus von 1922 bis 1926 schnell verstauben. Dem Chaos der Politik hatte man entkommen wollen; und genau die Politik des ab 1933 herrschenden Regimes sollte das Eisenbahnwesen in neues, noch größeres Chaos stürzen.

Physikalischer Jahrhundertstreit

Heizflächenverhältnis

60

Die Einheitslokomotive wird 2026 hundert Jahre alt werden. Immer noch werden emotional gefärbte Artikel über ihren Wert oder Unwert veröffentlicht. Im Mittelpunkt der Kritik steht das Verhältnis zwischen Feuerbüchs- und Rohrheizfläche. Beginnen wir mit der – allerdings Geburtsjahrgängen nach 1970 kaum mehr geläufigen – Alltagserfahrung mit den einst in jeder Wohnung bullernden Zimmeröfen. Man tat gut daran, das Ofenrohr nicht zu berühren. Klar war aber auch, dass der entscheidende Teil der wohnlichen Wärme aus den vom Feuer berührten Wänden des gusseisernen Heizmöbels kam.

Irrweg Langrohr

Im Verhältnis zwischen Kesselrohren und Feuerbüchse der Lokomotive musste eigentlich der höhere Wert der feuerberührten Heizfläche ebenfalls einleuchten. Je geringer das Heizflächenverhältnis (Rohrheizfläche geteilt durch Strahlungsheizfläche) ist, desto besser ist die Verdampfungsfreudigkeit. Mit kaum verständlichem Starrsinn setzte der »Vater der Einheitslokomotive« im Reichsbahnzentralamt R. P. Wagner (1882–1953) gegen alle Erfahrungen eine knappe Feuerbüchse und eine über die bisherigen Idealmaße von 4000 bis 5500 Millimetern auf 5800 bis 6800 Millllimeter gesteigerte Rohrlänge durch. Dampfmangel im Betrieb und ständige Kesselschäden waren die Folgen. Für die größten in Deutschland je gebau-

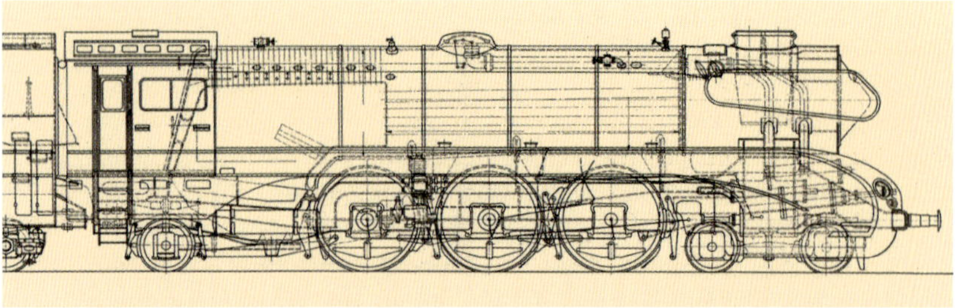

Zur Verbesserung des Heizflächenverhältnisses bewährte sich international die Verbrennungskammer, eine kastenförmige Verlängerung der Feuerbüchse in den Langkessel hinein, dessen Rohre dann auf plausible 4700 bis 5700 Millimeter verkürzt werden konnten. Hier das Beispiel der Baureihe 10 der DB von 1957

Vorteil vernünftiger Verhältnisse

Die Aufzählung beispielhafter Baureihen nach der Skala der Heizflächenverhältnisse lässt sich unmittelbar als Hitparade der Verdampfungsfreudigkeit lesen. Die niedrigste Zahl ist die günstigste.

Baureihe	Bauart	Erstes (Um-) Baujahr	Heizflächenverhältnis
66 Neubau DB	1'C2' h2t	1955	6,67
Französische Umbauloks	2'C1' h4v	1933–1949	7,13–8,01
23 Neubau DB	1'C1' h2	1950	8,14
58^{30} Umbau G 12 DR	1'E h3	1958	6,62
22 Umbau DR	1'D1' h3	1958	8,7
38^{10} ex pr. P 8	2'C h2	1906	9,09
55^{25} ex pr. G 8^{1}	D h2	1912	9,51
50, 52	1'E h2	1939/1942	10,18
64	1'C1' h2t	1926	11,01
44	1'E h3	Serie ab 1937	12,20
01	2'C1' h2	1926	12,97
06, 45	2'D2' h3/1'E1' h3	1934/1939	14,35

ten Dampfloks der Baureihen 06 und 45 trieb er die Länge dann auf absurde 7500 Millimeter. Die Dogmatiker verlangten ein Feuer von so großer Hitze, dass auch im vordersten Rohrbereich noch ausreichend Wärme ankommen würde. Damit hätte man aber die Feuerbüchsrohrwand auf eine Temperatur jenseits guter metallurgischer Stabilität gebracht. Der Umschwung kam mit der 1939 erstgebauten 50 und der daraus abgeleiteten Kriegslok 52. Beim Einbau neuer Kessel in vorhandene Loks und bei Neubauten 1950 bis 1960 achtete man besonders auf ein vernünftiges Heizflächenverhältnis. Die Weiterentwicklung der Dampflokomotive in ihrer letzten Phase geschah im teils offiziellen und teils diskreten grenzüberschreitenden Dialog. Die tschechoslowakischen Bahnen und Hersteller ließen sich bis zum kommunistischen Februarputsch 1948 gerne vom Franzosen André Chapelon beraten. Bei den Baureihen 23 und 65 »West« bzw. 23^{10} und 65^{10} »Ost« sowie bei der von DB und DR neubekesselten 01 erkennen wir einen friedlichen Wettstreit. Bis zum Mauerbau 1961 konnten sich Ingenieure aus beiden deutschen Staaten noch problemlos gegenseitig besuchen.

Mutter aller Einheitsloks

Legende 01

61

Unzweifelhaft benötigte die junge Reichsbahn eine universell einsetzbare schwere Schnellzuglok, weil viele 2'C- und 2'C1'-Länderbahnloks an den Grenzen ihrer Leistungsfähigkeit und Lebensdauer arbeiteten. Nach süddeutschen und ausländischen Vorbildern empfahl sich die »Pacific«-Bauart 2'C1'. Ein geradezu weltanschaulicher Streit galt der Entscheidung zwischen dem nach Kohleverbrauch und Laufruhe überzeugenden, aber vielteiligen, teuren und unterhaltungsaufwendigen Vierzylinder-Verbundtriebwerk und der in den USA absolut herrschenden robusten Zwillingsmaschine. Je zehn Muster 2'C1'h2 und 2'C1'h4v sollten einen systematischen Vergleich ermöglichen.

Mit ihrer Bezeichnung als 01 und 02 erkennen wir auch den Sinn der oben angesprochenen Lücken im Nummernplan: Hier sollten die Einheitsloks Platz finden. Bei der Ausführung der 02 missachtete man das Detailwissen insbesondere des Hauses Maffei und programmierte damit die gewünschte Überlegenheit der 01. Mit ihrem ungünstigen Heizflächenverhältnis blieb sie aber im Alltag hinter den Erwartungen und hinter dem mit der Nummernsymbolik beanspruchten Rang an der Spitze aller Lokomotiven zurück. Über Jahrzehnte wiederholte Verurteilun-

Wie die 01 2066 von der DR wird auch die von der DB mit einem neuen Kessel ausgerüstete 001 180 vom Bayerischen Eisenbahnmuseum Nördlingen betreut und eingesetzt. Kraftvoll fährt sie aus der Unterführung in die Dezembersonne 2015.

90 Jahre und kein bisschen müde: 01 2066 des Bayerischen Eisenbahnmuseums Nördlingen im Herbst 2016!

gen der 01 als Fehlkonstruktion sind jedoch überzeichnet. Die 241 Exemplare aus den Jahren 1926 bis 1938 bildeten bis Mitte der 1970er-Jahre eine unverzichtbare Basis des Schnellzugdienstes in Deutschland. Die unbefriedigende Laufruhe wurde zum Thema erst bei Geschwindigkeiten jenseits von 120 Stundenkilometern, an die man zur Zeit des Entwurfs noch nicht gedacht hatte. Die Verdampfungsqualität wurde durch interne Schweißung des Kessels und Optimierung des Blasrohrs in den 1950er-Jahren verbessert. Die Umbauten gipfelten in der Neubekesselung von Teilbeständen durch DB und DR.

01: Ein deutsches Symbol im 20. Jahrhundert

Die Popularität der 01 war grenzenlos. Mit ihren markanten riesigen Windleitblechen zierte sie Ansichtskarten und Werbeplakate; die Spielwarenindustrie replizierte sie in allen Varianten zwischen dem fast einen Meter langen, heute unbezahlbaren Präzisionsmodell und dem blechernen Zweiachser mit Uhrwerkantrieb. Sogar die britischen Eisenbahnzeitschriften der Zwischenkriegszeit versäumten nicht den Hinweis, dass der Fachmann bei einem Deutschlandbesuch auf die 01 achten müsse.

Deutschlands große Güterzuglok

Die 44 als meistgebaute Dreizylinderlok der Welt

62

Pendant zur schweren Schnellzuglok war die Spitzenkonstruktion für den Güterzugdienst im schwierigen Hügelland. Mit Dimensionen ähnlich der 01 und 02, dem fast gleichen Kessel und damit tauschbaren Führerhäusern und Tendern – das Einheitskonzept war in voller Blüte! – legte man auch hierzu 1926

Nur Elloks waren stärker

Der Rang der 44 im Nachkriegsverkehr war hoch. Die DB im Westen erbte mit 1242 Loks den größten Anteil. Für den volkswirtschaftlich bedeutsamen Transport der Ruhrkohle über die Höhen von Sauerland und Spessart nach Bayern gab es keine Alternative. Sie und die 01 konnten durch keine DB-Diesellok ersetzt werden. Viele Umbauten und Versuche von maschineller Rostbeschickung und Einbau neuartiger Mischvorwärmer bis zur Kohlenstaub- und Ölfeuerung beweisen die Wertschätzung für die 44. Die letzte Fahrt einer DB-Dampflok im Regelbetrieb am 26. Oktober 1977 absolvierte eine ölgefeuerte 44, inzwischen mit der EDV-Reihennummer 043.

zwei Kleinserien auf, nämlich als 1'E h2 (Baureihe 43) und 1'E h3 (Baureihe 44).

Nachdem man mehrfach Brüche der Treibzapfen an den Rädern der stärksten Zweizylindermaschine der ganzen Reichsbahn – ihr Zylinderdurchmesser von 720 mm wurde in Deutschland nie übertroffen! – erlebt hatte, wählte man für die 1937 begonnene Serienbeschaffung die 44. Bis 1944 verließen 1753 Exemplare die deutschen und im Krieg die unter deutschen Zwang gestellten französischen, polnischen, österreichischen und dänischen Werke. Im befreiten Frankreich wurden 226 Loks nachgebaut, in Dänemark noch zehn.

Zweimal 44er-Doppelbespannung! DB-Loks im Regelbetrieb auf der Moselbrücke 1969 und DR-Loks im Sonderdienst 2011.

Gelobt und kritisiert

Leichte Schnellzugalternative 03

63

Kaum war das Einheitsprogramm mit 01, 02, 43, 44 und einer Tenderlokauswahl für Rangier- und Nebenbahndienst langsam genug angelaufen, störten aktuelle Anforderungen die Kreise des Lokomotivausschusses. Weil bei klammer Finanzlage die Ertüchtigung der Strecken auf die für die 01 erforderliche Achsfahrmasse von 20 Tonnen nicht wie geplant vorankam, forderte die Hauptverwaltung eine leichtere Alternative. Ohne Blick auf die schon erkannten Mängel der 01 schuf man die 03 nach unveränderten Baugrundsätzen. Firmenentwürfe mit besseren Heizflächenverhältnissen oder nun doch einem mehrzylindrigen Triebwerk ruhen sanft in den telefonbuchdick gedruckten Niederschriften des Lokausschusses. Vielversprechend optimierte Blasrohranlagen in Frankreich zu ignorieren, galt als vaterländische Selbstverständlichkeit. Die zwischen 1930 und 1937 von fünf Herstellerwerken gebauten 298 Exemplare mussten sich auf einem unerwartet dynamischen Verkehrsmarkt bewähren. Auto, Flugzeug und Dieseltriebzug machten der Dampflokomotive Konkurrenz. Mit besserer Bremstechnik ertüchtigte man die 03 für 130 und ausnahmsweise für grenzwertige 140 Stundenkilometer, konnte aber die Forderung nach doch wieder mehrzylindrigen Schnellzuglokomotiven nicht mehr unterdrücken.

Wie für die 01 ist freilich auch für die 03 eine oft gelesene Abwertung als Fehlkonstruktion unberechtigt. Auch im Vergleich mit dem keineswegs durchwegs idealen internationalen Standard war sie unter den Bedingungen ordentlicher Kohle und angemessener Zuglasten eine breit verwendbare und zuverlässige Schnellzuglok. Die hohe Stückzahl und die lange Lebensdauer bis 1980 verschafften ihr auch einen besonderen Spitzenwert: Keine Lokomotivbaureihe der ganzen Welt hat eine höhere Gesamtlaufleistung oberhalb von 120 Stundenkilometern absolviert. Vielfältige Umbauten in Ost und West beweisen die Unverzichtbarkeit der 03 und behoben manche Mängel. Kurios genug: Eine Verbesserung des Luftzutritts für das Feuer durch größere Luftklappen am Aschkasten – eine Schlosserarbeit ohne Hauch von Spitzentechnologie! – verbesserte im Zusammenwirken mit der Reduktion des Blasrohrquerschnitts die Verdampfungsqualitäten enorm.

Abschließend eine Filmempfehlung zur 03 im Internet: »Lockende Sterne« von 1952.

Hakenkreuz und Olympische Ringe 1936 auf der 03 240. Der makellose Glanz neuer Lokomotiven ermattete im Betrieb nach wenigen Wochen.

03 2204 im letzten Bauzustand der DR darf 1994 Planzüge fahren. Heute längst historisch sind die Wagen des russischen Militärverkehrs auf deutschen Schienen.

Ideal für fast alles

Mit der 50 in Krieg und Frieden

64

Weil die Güterzüge schneller fahren sollten und weil die laufachslosen Güterzugloks der Achsfolge E (Reihe 57) allmählich ihre Lebensdauer erreichten, forderte die Hauptverwaltung eine im Verhältnis zur bewährten 44 leichtere 1'E mit nur 15 Tonnen Achsfahrmasse für den Einsatz auch auf Nebenbahnen. Zugleich wurde aber auch eine Eignung für schlechtere Kohlen gefordert.

Die Lok für »Großdeutschland«

Der letzte Chefkonstrukteur der Maschinenfabrik Esslingen, Dipl.-Ing. Wolfgang Distelbarth (1912–2004), erzählte mir, dass er schon vor Kriegsbeginn den tieferen Sinn dieser Forderung erkannte: »Es geht gegen Russland!« Zunächst bewährte sich die 1939 erstgebaute Baureihe 50 aber im »Altreich« und in den Annexionsgebieten Österreich und Sudetenland. Abgesehen von der bei allen Einheitsloks – neben allen Erörterungen über Kessel und Zylinderzahl oft unterschätzten – guten Durchbildung von Lauf- und Triebwerk war ihr Erfolgsgeheimnis jenes verbesserte Heizflächenverhältnis, das für osteuropäische Kohle ausreichte und bei einheimischer Steinkohle geradezu ideal wirkte. 1939 bis 1944 bauten 16 deutsche, tschechische, österreichische, polnische und belgische Werke 3164 Exemplare, gefolgt von 286 Nachbauten in Rumänien noch zwischen 1946 und 1960.

Die Lok für fast alles

Außer der ganzen Breite des Güterzugdienstes mit Ausnahme nur der schweren Aufgaben der 44 im Hügelland zeigte die 50 auch gute Erfolge im Personenzugdienst und vor so manchem Eilzug. Unter chaotischen Zeitumständen war sie mit ihren 80 Stundenkilometern nicht allzu langsam und kompensierte dieses Defizit mit einem zügigen Anfahrvermögen aufgrund ihrer fünf angetriebenen Radsätze. Unzählige Versuche und Umbauten vor und nach 1945 beweisen den Wert der 50er. Bei der DB war sie stets die Dampflok mit der höchsten Stückzahl und musste erst 1976 ihren Abschied nehmen. Bei der DR wurde 1988 einem der 208 neubekesselten Exemplare die Ehre der letzten regulären Fahrt einer normalspurigen Dampflokomotive in Deutschland zuteil.

Ein lange Zeit vertrautes Lokomotivgesicht! 2206 Loks der Baureihe 50 fuhren Ende 1958 bei der DB, Ende 1972 waren es immer noch 687.

Zuverlässigkeit der 50er auch im kalten Winter und Sternstunde für einen Eisenbahnfotografen: 051 511 in Raureif und Sonne 1971 nördlich von Regensburg.

Für Wiederaufbau statt für den »Endsieg«

65

Kriegslok 52

Nach der »Transportkrise« vor Moskau im Dezember 1941 gab die Nazi-Führung dem bislang vernachlässigten Eisenbahnwesen schlagartig höchste Priorität. Die Zuständigkeit für die Lokomotiventwicklung wurde dem Reichsverkehrsministerium entzogen und auf das Rüstungsministerium von Albert Speer übertragen, der wiederum einen »Hauptausschuss Schienenfahrzeuge« einberief. Er sollte ein »Führerprogramm« von utopischen 15.000 Exemplaren einer radikal vereinfachten und umfassend frostgeschützten Lokomotive realisieren.

»Heimstoffe« statt Kupfer und Kautschuk

Nach Abwägung verschiedener Vorschläge fiel die Entscheidung für die Kriegslokomotive auf der Grundlage der bewährten 50. Viele Teile wurden weggelassen, so anfangs auch die Windleitbleche. Anstelle von Speisepumpe und Vorwärmer musste ein zweiter Injektor genügen. Buntmetalle ersetzte man soweit wie möglich durch Stahl oder Aluminium, Gummi durch Kunststoff und sogar Pappe. Im September 1942 war endlich das Baumuster 52 001 fertig. Doch für den nun schon zweiten russischen Kriegswinter kam die Lok zu spät. Erst 1943, als die weiten Strecken

Gute Lok für bösen Zweck: die feldgraue 52

Die »2. Kriegslok« 42 spielte am Vorabend der Niederlage kaum mehr eine Rolle. Ihren spektakulärsten Friedensdienst leistete sie bis zur Elektrifizierung 1959 auf der österreichischen Semmeringbahn. 42.2711 verlässt am 2. Juni 1957 den Geyreggertunnel.

im »Ostraum« großteils wieder verloren waren, kam die Serienfertigung in Schwung.

Vergeblicher »Sieg« der Stückzahlen

Nicht zuletzt unter Einsatz von tausenden Zwangsarbeitern konnten deutsche, österreichische, polnische, tschechische und französische Fabriken bis Kriegsende 6161 Lokomotiven der Baureihe 52 herstellen, denen Nachbauten in mehreren Ländern folgten. Weil 50 und 52 in den Dimensionen von Kessel, Lauf- und Triebwerken übereinstimmten und viele Teile tauschbar waren, sehen wir hier einen weltweit seltenen Block von 9500 im Kern baugleichen Loks. Eingesetzt blieb die 52 in beiden Teilen Deutschlands, Österreich, Polen, Sowjetunion, Tschechoslowakei, Ungarn, Rumänien, Jugoslawien, Bulgarien, Türkei, Belgien und Frankreich teilweise bis Ende der 1980er-Jahre.

Die Kriegslokproduktion wurde sogar noch auf eine schwerere und stärkere Baureihe 42 erweitert. Von absurd geplanten 8000 Exemplaren wurden gerade einmal 1061 fertig. Die 42 hält den fragwürdigen deutschen Rekord der kürzesten durchschnittlichen Nutzungszeit bis zur Verschrottung oft schon um 1950.

Glückloser Glanz

66

Stromlinie 1939

In den 1930er-Jahren arbeiteten verschiedene politische, militärische und administrative Instanzen an unvereinbaren Projekten, und zwar sämtlich im Glauben an die Übereinstimmung genau ihrer Pläne mit dem Willen des »Führers«. Die hastige Aufrüstung für den neuen Weltkrieg irritierte nicht die Fortschrittsfantasien für einen vermeintlich dauerhaften Frieden. Mit 140 Stundenkilometern sollten die Schnellzüge künftig durch Großdeutschland sausen; Die nächste Lokomotivgeneration sollte dafür eine Reserve bis 150 Stun-

In fotografischer und aquarellistischer Darstellung sehen wir die Stromlinienlok bereits mit einer zur Erleichterung der Pflege im Triebwerksbereich ausgesparten Verkleidung.

Ganz selten waren Tenderloks mit Stromlinienverkleidung. Die Lübeck-Büchener Eisenbahn leistete kurz vor dem Zweiten Weltkrieg Pionierarbeit mit den kleinen Maschinen der »Mickymaus«-Type und Doppelstockwagen im Wendezugdienst. Aufnahme neben einer 78er in Hamburg Hbf

denkilometer mitbringen. Die Dogmatiker im Zentralamt Berlin verrannten sich endgültig. Nach allen Leiden mit 01 und 03 hielt man am Langrohrkessel mit unzureichender Feuerbüchse fest und verzichtete damit auf eine bessere Dampferzeugung. Den geforderten Leistungszuwachs wollte man per Minderung des Luftwiderstands mittels Stromlinienverkleidung erzielen. Immerhin wählte man zur Verbesserung der Laufruhe nunmehr drei Zylinder. Fast überflüssig zu erwähnen: Vielversprechende Alternativentwürfe landeten in der Schublade.

Kaum waren im Sommer 1939 die ersten wiederum nach Achslastklassen unterschiedenen 01^{10} und 03^{10} fertig, als Hitler auch schon die Weichen der Zeitgeschichte rabiat in eine Richtung weit weg vom gepflegten Schnellverkehr stellte. Die Stromlinienloks fuhren in einen rustikalen Kriegsbetrieb und wurden zusammen mit beliebigen Loktypen vor schweren Truppentransporten und Fronturlauberzügen verschlissen. Die Verkleidungen demontierte man weitgehend. Gegen Kriegsende wurden alle Stromlinienloks abgestellt. Ausgerechnet die ambitioniertesten Maschinen rosteten nun abgetakelt als augenfälligste Sinnbilder des unaufhaltsamen Niedergangs auf den Nebengleisen zerbombter Bahnhöfe. Aber in ihnen schlummerte das Kapital guter Lauf- und Triebwerke. Man würde es nutzbar machen.

Wunder 1951

67 Die »Entstromten«

Symbolträchtig für den Zusammenbruch von 1945 waren die überfüllten und sogar auf Trittbrettern und Puffern besetzten Züge der frühen Nachkriegsjahre, die durch zerbombte Bahnhöfe schlichen und über Behelfsbrücken polterten. Doch nach der Währungsreform 1948 stabilisierten sich im Westen Deutschlands die Verhältnisse schnell. Der ab 1949 amtierenden Deutschen Bundesbahn wurde aufgegeben, zum Sommerfahrplan 1951 ein »F-Zug«-Netz für gepflegten Fernreiseverkehr oberhalb des D-Zug-Angebots zu schaffen. Neben 70 grundüberholten und blau lackierten Vorkriegswagen bildeten die Stromlinienloks die Basis. Bei Generalreparaturen wurden sie der regulären Bauform angepasst. Mit ausgewählten Personalen und sorgfältigster Wartung erbrachten sie im Wirtschaftswunder höchste Leistungen. Wenn die Abgeordneten des Bundestags, die vom Wachstum profitierenden Unternehmer und die Stars aus dem wiederbelebten Filmgeschäft in den gepolsterten Wagen irgendwo zwischen Bonn, München, Frankfurt (Main), Hannover und Hamburg unterwegs waren, dann oft hinter einer auf Hochglanz gebrachten 01^{10} oder 03^{10}. Schon bald ließen die Fortschritte der Elektrifizierung und die Lieferung der Diesellok V 200 die Dampfloks im Fernverkehr alt aussehen. Beide Baureihen erhielten noch neue Kessel, der Großteil der 01^{10} auch Ölfeuerung. Hohe Leistungen erbrachten sie weiterhin, doch ihr Nimbus der frühen Adenauerzeit war schon wieder entschwunden.

Symbolträchtig fährt die »entstromte« 01 1075 durch das vom Krieg gezeichnete Wuppertal.

Auch die DR im Osten reaktivierte die bei ihr verbliebenen 03^{10}. Mit neuen Kesseln und Ölfeuerung waren sie weltweit die letzten im Schnellzugdienst eingesetzten Dampflokomotiven. Erst im Mai 1980 mussten sie ihren Abschied von den straffen Fahrplänen zwischen Berlin und Stralsund nehmen. Die Nummer der 03 1090 erinnert an ein deutsches Datum. Noch warten wir auf die Reaktivierung dieser erhalten gebliebenen Lok.

Edle Rennerin 1906

68

Bayerische S 2/6 schafft Weltrekord

Es verwundert nicht, dass Konstrukteure, Herstellerwerke und Bahnverwaltungen um vorzeigbare Rekorde wetteiferten. Mit schweren Zuglasten auf dieser oder jener Strecke konnte man die engere Fachwelt begeistern, doch für den stets aufgeregten Journalismus der späten Kaiserzeit zählte nur die Geschwindigkeit. Schon 1845 hatte man die 100-Stundenkilometer-Schwelle gemeistert; um 1900 konnten 125 Stundenkilometer nicht mehr überraschen. Im Oktober 1903 wurde die Dampflokindustrie aufgeschreckt. Elektrische Versuchstriebwagen von Siemens und der AEG hatten nahe Berlin die höchste von menschengemachter Verkehrstechnik je erzielte Geschwindigkeit von 210 Stundenkilometern erreicht – interessanterweise gerade einmal sieben Wochen vor dem ersten Motorflug der Gebrüder Wright. Preußens Bahnverwaltung und Henschel reagierten mit einer überschweren kastenartig verkleideten Probelok, die dann mit gerade einmal 137 Stundenkilometern schwer enttäuschte.

Blick des Künstlers auf die S 2/6 vor einem Luxuszug aus teakholzverkleideten Wagen vor 1914

Ein Engel im musealen Dampflokhimmel

Maffei in München konnte es besser. In geradezu spielerischer Souveränität beschritt Konstrukteur Anton Hammel einen Seitenweg von der zur S 3/6 führenden Generallinie und schuf eine überaus elegante 2'B2'h4v mit filigranem Barrenrahmen und 2200 Millimeter großen Treib- und Kuppelrädern. Nach bayerischer Bezeichnungsweise erhielt sie das Gattungsschild S 2/6. Sie war der Star der Landesausstellung des Jahres 1906. Am 2. Juli 1907 erreichte sie auf der Strecke München–Augsburg 154,5 Stundenkilometer und damit den seinerzeitigen Geschwindigkeitsweltrekord für Dampflokomotiven. An eine Serienfertigung war nie gedacht, denn im komplexen System Eisenbahn fehlten auf den Ebenen von Gleisstabilität, Wagenbau, Bremsen und Signaltechnik noch alle Voraussetzungen für einen Regelbetrieb jenseits von 100 Stundenkilometern. Das Einzelstück verließ 1925 den aktiven Dienst und hat seither seinen musealen Ehrenplatz in Nürnberg.

Größe und Grenzen

05 schafft 200

69

In den von Krieg und Krisen gezeichneten zwei Jahrzehnten nach der Rekordfahrt der S 2/6 hatten alle Beteiligten andere Sorgen als den Schnellverkehr. Die Reichsbahn in der Weimarer Republik tat gut daran, ihren Schnellzugdienst mit der 01 auf 100-Stundenkilometer-Niveau mit einer Reserve in Richtung 120 Stundenkilometer für das Einholen von Verspätungen zu stabilisieren. Weil die Waggonfabriken Exportmodelle mit höheren Geschwindigkeiten testen wollten, widmeten sich Zentralamt und Industrie zunächst durchaus mit Skepsis der Forderung nach einer Schnellfahrversuchslok. Die Firmenentwürfe loteten das ganze Spektrum zeitgenössischer Ideen zu Kessel und Triebwerk aus. Zeichnungen für vielversprechende Vierzylinder-Verbundloks lagen neben unausgereiften Skizzen für Experimente jenseits aller Erfahrungen.

200er-Schwelle gemeistert

Verwirklicht wurde eine 2'C2'h3 mit wieder einmal konventionellem Kessel, dem nie dagewesenen Treibrad-Durchmesser von 2300 Millimetern und einer kompletten Stromlinienverkleidung. Das 1935 ausgelieferte Pärchen 05 001 und 002 wurde in der zeittypischen Propaganda unablässig als Spitzenleistung deutscher Technik vorgeführt und selbstverständlich vom Lokomotiv-Versuchsamt systematisch erprobt. 180 bis 190 Stundenkilometer waren – wenn auch mit grenzwertiger Kesselreserve – zu schaffen. Nicht wie oft behauptet im Rahmen planmäßiger Messfahrten, sondern fast zufällig beim Aufholen einer Verspätung im Verlauf einer Vorführfahrt mit zahlreicher Prominenz bis hin zu SS-Chef Heinrich Himmler erreichte die 05 002 am 11. Juli 1936 kurzfristig 200,4 Stundenkilometer, einen in Kontinentaleuropa bei Dampflokomotiven vor- und nachher nie überbotenen Wert.

Die Erschließbarkeit dieses Geschwindigkeitsbereiches für die Dampflokomotive jedenfalls in hergebrachter Bauart wurde im Ergebnis der Versuche eher widerlegt als bewiesen. Die 05 002 musste anschließend zu einer umfassenden Reparatur mit Austausch aller Kesselrohre ins Raw einrücken. So eindrucksvoll sich die 05 darstellte, so immens war der in ihr steckende Investitionsaufwand. Schwer zu denken geben musste den Verteidigern der Dampflokomotive, dass die gleichzeitig getesteten Dieselschnelltriebzüge ohne Vor- und Nachbereitung ebenfalls 200 Stundenkilometer schafften.

Die Rekordlok 05 002 im Hamburger Hauptbahnhof in der Zeit ihres regulären Dienstes auf der Strecke nach Berlin 1936 bis 1939

Das Wunder von Halle

70

18 201

Aus den industriellen Ressourcen des Kaiserreichs 1906 oder des Nazireichs 1935 neue Spitzenprodukte auf die Schiene zu stellen, war eine Sache; im Schatten aller Material- und Kapazitätsengpässe der ostdeutschen Nachkriegsökonomie eine Schnellfahrlok zu realisieren, war schwieriger. Die DDR war der größte Schienenfahrzeugexporteur der Welt und wollte – vergleichbar mit der Forderung der 1930er-Jahre – die Tauglichkeit ihrer Schnellzugwagen für Geschwindigkeiten oberhalb heimischer Anforderungen beweisen. An den Neubau einer Erprobungslok war nicht zu denken. Kein Volkseigener Betrieb konnte einen Barrenrahmen schmieden oder 2300 mm große Radsterne gießen. Aber der Leiter der Versuchs- und Entwicklungsstelle Maschinenwesen in Halle (Saale), Max Baumberg (1906–1978), kannte die nicht so recht verwendbare Schnellverkehrs-Tenderlok 61 002 aus verblichener »großdeutscher« Zeit; und er wusste vom übriggebliebenen Zylinderblock der missglückten Hochdruck-Umbaulok 45 024. Und da gab es ja nun den für die Ertüchtigung mehrerer vorhandener Baureihen geschaffenen serienmäßigen Neubaukessel mit ausgezeichneter Verdampfungsqualität …

Meiningen baut den Grünen Star

So verließ dann am 31. Mai 1961 die genial improvisierte und zugleich schöne 18 201 das Raw Meiningen. Sie erfüllte alle Erwartungen, diente über knapp zwei Jahrzehnte verschiedenen Messfahrten und bespannt seit nunmehr vier Jahrzehnten Sonderzüge für Eisenbahnfreunde. Planmäßig für 160 Stundenkilometer zugelassen wurde sie bis 182 Stundenkilometer getestet. Allein das Abbremsen aus dieser Geschwindigkeit war ein zur Vermeidung von Schäden über mehrere Kilometer hingezogenes Kunststück. Trotzdem flogen glühende Bruchstücke aus den Bremsklötzen über die Lok.

Die ölgefeuerte 18 201 im Harz am 7. April 2012. Ein Zusatztender muss ihren Aktionsradius sichern, weil es Wasserkräne in Bahnhöfen nicht mehr gibt.

18 201

Britische Wildente

A 4 für Rekord und Reichweite

71

Wir haben seit den Fragen von Namens- und Farbgebung das Mutterland der Dampflokomotive vernachlässigt und blicken beim Thema Geschwindigkeitsrekorde wieder nach Großbritannien. Die bis 1948 landesweit tätigen großen Privatbahnen wetteiferten in fruchtbarer Konkurrenz um Geschwindigkeiten, Innovationen – und um Schönheit. Auffällig war die weltweit einmalig lange Karriere von Schnellzugloks mit nur zwei angetriebenen Radsätzen. 2'B und 2'B1' fuhren noch in der zweiten Hälfte des 20. Jahrhunderts. Politisch und medial höchste Beachtung galt den Spitzenangeboten zwischen London und Edinburgh, den Hauptstädten von England und Schottland.

Der Chefkonstrukteur der London and North Eastern Railway ‚Sir Nigel Gresley, trieb die Entwicklung dreizylindriger Pacifics voran, kulminierend in der teilverkleideten A 4. Wie in Deutschland, trat auch in England eine dreizylindrige Lok zur Weltrekordfahrt an. Am 3. Juli 1938 schaffte

Rekordlok aus Gresleys Baureihe A4 mit Namen aus der Tierwelt: die MALLARD!

Wie der »Elizabethan« war auch der »Talisman« einer der großen Expresszüge mit nationalem Prestige auf der Paradestrecke London–Edinburgh.

die MALLARD (= Wildente) stolze 201,2 Stundenkilometer. Weil dies aber in einem leichten Gefälle geschah und die Fahrt mit einem Triebwerksschaden endete, kann eine wirkliche Überlegenheit über die deutsche 05 nicht anerkannt werden.

A4 vor dem »Elizabethan«

Aufsehen erregte die A 4 auch noch in der späten Dampflokblüte nach dem Zweiten Weltkrieg. Von 1954 bis 1961 führten Loks dieser Gattung den Expresszug »Elizabethan« zwischen London und Edinburgh, und zwar ohne Zwischenhalt. Ist schon ein Durchlauf über 631 Kilometer auch mit kurzen Pausen zum Wassernehmen und zur Personalablösung eine extreme Leistung, so ist die tägliche Nonstop-Fahrt über diese Distanz ein Rekord von höherem Rang im Vergleich zur einmaligen Schnellfahrt. Für den fliegenden Wechsel des Personals während 6½ Stunden Fahrzeit baute man in die Tender einen Seitengang ein. Mit 40 Zentimetern Breite war er nicht für alle Lokführer und Heizer geschaffen. Eine ebenfalls seltene Besonderheit war das Wassernehmen während der Fahrt mit einem Rüssel, der in einen kilometerlangen Kanal zwischen den Schienen abgesenkt wurde. Das Internet hält einen melodisch betexteten wunderschönen Film über den »Elizabethan« bereit.

Nachklang zum Radetzkymarsch

72

k.k.öst. 310

Das bis 1918 riesige Österreich-Ungarn stellte den Lokomotiv-Konstrukteuren unterschiedliche Aufgaben. Alpen- und Karpatenpässe wollten bezwungen werden; Kohle aus dem heutigen Tschechien brannte in jedem Ofen von Wien und Linz; Schnellzüge fuhren von Wien, Prag und Budapest bis Triest, Krakau, Lemberg und Czernowitz und zu deutschen, russischen, italienischen und serbischen Grenzbahnhöfen. Der legendäre »Orient-Express« fuhr bis 1914 von Salzburg bis kurz vor Belgrad auf Gleisen der Doppelmonarchie.

Die wirtschaftliche Schwäche des Kaiserreichs verhinderte den Ausbau der Strecken auf eine Achsfahrmasse oberhalb von 14,5 Tonnen. In der westlichen Reichshälfte – Ungarn wurde weithin separat verwaltet – war für die Lokomotivkonstruktion in den letzten Friedensjahren Karl Gölsdorf zuständig, der in dichter Folge wahre Meisterleistungen schuf. Die Spitzenstellung genießt die »umgedrehte Pacific« 310 mit der Bauart 1'C2' h4v, eine wahrhaft extravagante Schönheit abseits aller bayerischen, preußischen, französischen oder britischen Vorstellungen. Gölsdorf starb 1916

Schön waren auch schon die Vorläuferinnen der 310, wie hier die 110.05 der kkStB.

Blick des Künstlers auf die kkStB 310 vor einem Schnellzug der Epoche 1911 bis 1938 auf einer der in Österreich häufigen eingleisigen Fernbahnen

und musste nicht mehr erleben, wie seine legendäre Schnellzuglok unter schwierigen Zeitumständen bis nach 1945 verschlissen wurde. Die 310.23 wurde 1987 betriebsfähig aufgearbeitet und war seither der Star vieler Sonderfahrten und Ausstellungen.

Die letzte österreichische Dampfschnellzuglok Reihe 214 wurde 1928 erstmals gebaut und griff mit der Achsfolge 1'D2' ein Prinzip der 310er mit Vorlaufachse und hinterem Drehgestell auf. Am 3. Oktober 1954 verlässt die nunmehrige 12.03 der ÖBB den Wiener Südbahnhof in Richtung Semmering.

Hohe Kunst des Dampflokbaus

Frankreich

73

Wenn wir Europa ganz grob nach der Dampflokaktivität im 20. Jahrhundert einteilen, dann sehen wir Österreich, die Schweiz, Italien, Niederlande, Norwegen und Schweden wegen ihrer frühzeitigen Zuwendung zum elektrischen Betrieb mit abnehmender Neubautätigkeit, Finnland, Lettland und Estland mit russischem Breitspurerbe, Dänemark, Litauen, Jugoslawien, Bulgarien, Griechenland, Portugal und die Türkei als Besteller vieler Importloks nicht zuletzt aus Deutschland, und Spanien sowie Polen mit vielen Neubauten von eigenen Herstellern und aus dem Import.

Sowohl mit dem Wettbewerb großer Privatbahnen – hier bis 1939 – als auch mit einer unübersehbaren Typenvielfalt sehen wir neben Großbritannien das große kontinentale Dampflokland Frankreich. Eine Besonderheit

In Europa einmalig war die französische 2'D1'-Schnellzuglok. Die maschinelle Rostbeschickung (»Stoker«) bewirkt die 1967 aufgenommene gewaltige Rauchentwicklung der 1948 erstgebauten und schon 1970 verschwundenen 241.P.

In Frankreich wie auch in Großbritannien genossen Leistung und Ästhetik von Lokomotiven einen hohen Rang im kulturellen Selbstbild der Nation. Die »Atlantic« der Nordbahn führte nicht nur souverän die Schnellzüge von Paris zur Atlantikküste, sondern wurde als braun lackierte Schönheit auch angemessen bewundert.

war hier der stetige Geldmangel der Gesellschaften mit der Folge, dass viele veraltete Lokomotiven länger fuhren als in Deutschland.

Per Umbau zur Weltspitze

Sparsamkeit war auch das Motiv in den 1930er-Jahren, neben dem zahlenmäßig begrenzten Neubau gigantischer 2'D1'-Schnellzugloks auch die Leistung vorhandener 2'C1' zu steigern. Auf Seite 25 wurde bereits André Chapelon (1892–1978) erwähnt. Er untersuchte im Auftrag von Bahnverwaltungen genauestens die Luftzufuhr für die Verbrennung und die Blasrohranlagen (s. S. 63) und betrieb in den 1930er-Jahren die überfällige Nachrüstung mit Überhitzern. Zusammen mit seinem finnischen Kollegen Kyösti Kylälä (1868–1936) entwickelte er schließlich einen zweistufigen Düsenblasrohrsatz, der mit seiner aus den Erfindernamen zusammengesetzten Bezeichnung »Kylchap« in die Technikgeschichte einging. Alle späten SNCF-Neubauten waren damit ausgerüstet. Die Umbauten wie auch die Neubauten gehören zu den weltweiten Spitzenleistungen der Dampflokgeschichte. Leider konnten sich Reichs- und Bundesbahn nicht zur Übernahme entschließen.

Unbekanntes Dampflokland Tschechoslowakei

74

Neubau bis 1957

So mancher deutsche Eisenbahnfreund hat bilderreiche Vorstellungen von historischem und gegenwärtigem Eisenbahnwesen in Österreich, der Schweiz, Frankreich, Großbritannien, Skandinavien und den USA. Ja: Dampflokwunder vor dem »Train Bleu« und Lokomotivgiganten in Amerika! Spektakulärer Elektrobetrieb auf den Alpenbahnen und der schwedischen Erzbahn! Rocket und TGV! Ein blinder Fleck ist unser Nachbar Tschechien (bzw. im Rückblick auf die Jahre 1918 bis 1992 die Tschechoslowakei). In Böhmen lebt eine uralte Tradition der Metallverarbeitung, sodass hier auch der Lokomotivbau schon unter österreichischer Ägide eine Blütezeit erlebte. Nach Gewinnung der Eigenstaatlichkeit entwickelten die Tschechoslowakischen Staatsbahnen (ČSD) in enger Zusammenarbeit mit den weltberühmten Herstellern Škoda und ČKD hervorragende Dampfloks für das eigene Land; dazu kamen Exporte in alle Welt.

2'D1' mit Rauchwolke aus dem Stoker auch in Prag! 498.022 mit einem Sonderzug 2001

Die farbenprächtige 498.0 der ČSD stammt wie die französische 241.P aus dem Jahr 1948, in dem für die Tschechoslowakei vier Jahrzehnte kommunistischer Düsternis begannen.

Die nur 90 Tonnen schwere 2'C1'h3 der ČSD-Reihe 387 war der 100 Tonnen schweren deutschen 03 im Betrieb ebenbürtig. Zu einer vierfach gekuppelten Schnellzuglok entstanden hervorragende Baumuster dreizylindriger 2'D1' und 1'D2'. Leichtfüßige 1'D1't gehörten zu den leistungsfähigsten und sparsamsten Nebenbahnloks in ganz Europa. Die deutschen Bahnen vermissten schmerzlich eine solche Type. Nach dem Zweiten Weltkrieg gingen 2'D1' sowohl für den Schnellzugdienst (Treibraddurchmesser 1830 Millimeter) als auch für den Personenzugdienst (1624 Millimeter) in Serie, ergänzt durch imposante 2'D2'-Tenderloks (ebenfalls 1624 Millimeter), die in Deutschland nicht Ihresgleichen hatten.

Ein Geburtstagsgeschenk für Stalin

Politisch erzwungene Kuriositäten blieben nicht aus. Im Nachgang zum 70. Geburtstag des sowjetischen Diktators Josef Stalin am 21. Dezember 1949 musste Škoda den nationalen Geschenkkorb um eine prächtige rote 2'D1' bereichern. Sie fuhr mit eigener Kraft von der sowjetischen Grenze nach Moskau – und dann nie wieder einen Meter. 1967 folgte sie den vielen Stalin-Denkmälern auf den Schrottplatz. Die kommunistische Politik war auch maßgeblich für den »Prager Fenstersturz« vieler kühner Dampflokstudien zugunsten der Güterzuglok 556.0, immerhin der stärksten europäischen 1'E. Eine Anzahl schöner Lokomotiven sind heute in Tschechien und in der Slowakei betriebsfähig erhalten. Doch ihre spektakulären Fahrten bleiben weitgehend ohne Wahrnehmung durch die deutschen Nachbarn.

Breite Spur und große Serien

Russland und Sowjetunion

75

Wenn Sie sich noch nie im Leben nennenswert mit Dampflokomotiven beschäftigt haben, dann wissen Sie von russischen und sowjetischen Lokomotiven ungefähr soviel wie der Durchschnitt aller bekennenden Eisenbahnfreunde in Deutschland. Nun ja, eine ältere Generation schloss mit ihnen zwischen 1941 und 1945 eine unfreiwillige Bekanntschaft. Spätere Jahrgänge hatten jedenfalls von Westdeutschland aus weder Lust noch viel Gelegenheit, die Sowjetunion zu bereisen. Die schnelle Umstellung auf Elektro- und Dieselbetrieb ab 1955 verdrängte die Dampflokomotive auch bald in einen umfangreichen Reservepark mit schwindenden Einsätzen.

Stückzahlen wie nirgends sonst

Aber die Lokomotivgeschichte Russlands und der Sowjetunion verdient einen Blick. Nicht so sehr die gegenüber unserer Normalspur von 1435 größere Spurweite 1524 Millimeter, sondern ein weiteres Lichtraumprofil erlaubte größere Lokomotiven, allerdings mit gleisbedingten Achsfahrmassen von 18 bis 20 Tonnen wie in Mitteleuropa. Die Stückzahlen der wesentlichsten Baureihen sind selbst unter Berücksichtigung des unendlich großen Netzes von der Ostsee bis Sibirien erstaunlich. In Abweichung vom sonstigen Stil dieses Buches erlaube ich mir die tabellarische Darstellung:

Typenbezeichnung		**Bauart**	**Stückzahl**	**Baujahre**
Kyrillisch	Umschrift			
О	O	D n2v	9129	1890–1928
Щ	Schtsch	1'D n2v/h2/h2v	2028	1906–1924
$Э^{Г, Ш}$	$E^{G, Sch}$	E h2	1200	1920–1924
$С^{У}$	S^{U}	1'C1' h2	2681	1925–1951
$Э^{У}$	E^{U}	E h2	2535	1926–1931
ФД	FD	1'E1' h2	3213	1931–1942
$Э^{М}$	E^{M}	E h2	2325	1932–1935
$Э^{Р}$	E^{R}	1'E h2	2738	1932–1957
СО	SO	1'E h2	4448	1934–1951
ИС	IS	1'D2' h2	649	1936–1941
Л	L	1'E h2	4199	1945–1955

Wesentliche Baureihen? Eine weitere sowjetische Besonderheit bestand in der radikalen Typenbeschränkung. Es gab sonst außer Tenderloks für den Rangierdienst nur kleine Stückzahlen einiger Versuchstypen. In der Zeit der Konsolidierung des kommunistischen Systems um 1930 beschaffte das Transportministerium für das ganze Land nur die 1'C1' für die ganze Breite des Reisezugdienstes und die E für den universellen Güterzugdienst. Ambitionierte Vierzylinder-Verbundloks fehlten genauso wie Loks mit geteiltem Triebwerk nach amerikanischem Beispiel. Ein erstaunlicher Kontrast zu der unüberschaubaren Typenvielfalt in Deutschland, Frankreich, Großbritannien und den USA!

Die sowjetische Lokomotiventwicklung endete mit der

П36	P36	2'D2' h2	251	1954–1956

Sie genießt besonderen Rang nicht nur als letzte, sondern auch als innovativste Schnellzugdampflokomotive der Welt.

Faszinierende Technik der sowjetischen П36

Glücksmoment auf der Transsibirischen Eisenbahn! Noch 1973 dominiert auf dem fernöstlichen Abschnitt die П36 (P 36). Schnell raus aus dem Zug und ein paar Fotos gemacht! Hoffentlich schaut die Polizei weg.

Dampf für alle Welt

76

Deutschland exportiert

Unser Blick in wichtige Eisenbahnländer leitet über zum Thema grenzüberschreitender Lieferungen von Dampflokomotiven. Mit Bewährung der Produkte von Borsig, Maffei, Henschel, Keßler, Hartmann usw. vom ersten Tag an endete der Import aus England und den USA und blühte der Export auf.

Massiv geliefert wurde bis 1914 in die Niederlande, nach Italien und Russland, in unterschiedlichem Umfang nach Bulgarien, Dänemark, Frankreich, Griechenland, Luxemburg, Österreich-Ungarn, Rumänien, Schweden, in die Schweiz, nach Serbien, Spanien, Portugal und über Europa hinaus ins Osmanische Reich, in die deutschen Kolonien sowie nach Ägypten, Argentinien, Bolivien, Brasilien, Chile, China, Indien, Japan, Java, Kanada, Sumatra und Venezuela. Kuriosität am Rande: Der Große Generalstab hatte bei der Planung des 1914 vom Zaun gebrochenen Zweifrontenkriegs unterstellt, dass Russland noch kein militärisches Feldbahnsystem habe. Man hätte es besser wissen können, hatte der Münchner Hersteller Krauss doch den Grundbestand an Lokomotiven eben dafür bereitgestellt.

Reparationen und Russlandauftrag

Zwischen den Weltkriegen gab es einen unfreiwilligen Export in Gestalt von Reparationslieferungen auf Kosten der deutschen Staatskasse nach Jugoslawien, Polen, Portugal und Rumänien. Die Empfänger waren mit den Maschinen so zufrieden, dass sie Bestellungen gegen Bezahlung folgen ließen. Zu den Kunden von vor 1914 gesellten sich Burma, Iran und Südafrika. Der größte Einzelauftrag im deutschen Lokomotivexport hat politisch-historischen Rang. Die junge Sowjetunion benötigte nach Weltkrieg und Bürgerkrieg einen Grundstock robuster Güterzugloks. Westeuropa winkte ab, weil Moskau keine Devisen dafür bot. Deutschland und Schweden sprangen mit 700 bzw. 500 Maschinen ein. Und die Bezahlung ohne harte Währung? Ein Schiff mit Goldladung fuhr über die Ostsee.

Nach 1945 gingen westdeutsche Dampfloks außerdem noch nach Ghana, in den Irak und das damalige Rhodesien. Indien und Südafrika kauften massiv in Deutschland ein. Mit einer Esslinger Lieferung für Indonesien endete 1966 nicht nur der deutsche Dampflokexport, sondern der

1953 schickte Henschel neun 1'D1'-Loks und zwei Ersatzkessel ins afrikanische Njassaland, dessen Gebiet heute zu Malawi gehört.

Neubau von Dampfloks in Europa insgesamt. Einige ausgewählte Reichsbahnloks aus der Kriegszeit nahmen die US-Truppen 1945 zu Studienzwecken in die Heimat mit, doch war dort inzwischen der Dampfzug schon endgültig abgefahren.

Paradies der Giganten

USA fährt zwölfachsig

77

Die Eisenbahn hatte elementare Bedeutung für die Inbesitznahme des riesigen Nordamerika durch die europäischen Einwanderer. Imaginationen angeblicher Wildwest-Romantik und Bewunderung einstigen Pioniergeistes sind der Beklemmung gewichen, mit der wir auf die mörderische Gewalt gegen die Indianer und die Errichtung einer Sklavenhalterwirtschaft blicken. Lokomotivgeschichtlich dominierte im 19. Jahrhundert ein Riesenheer robuster 2'B-Loks, die oft mit Holz gefeuert wurden.

Die größten Dampfloks der Welt

Nach 1'C, 2'C, 2'B1', 2'C1', 1'D und E ab 1890 drangen Hersteller und Bahnen in den 1920er-Jahren im ständigen Wettbewerb in neue Größenklassen vor. Zur besseren Übersichtlichkeit verzichte ich auf die Kenntlichmachung der bei sieben- bis zwölfachsigen Lokomotiven selbstverständlichen Seitenbeweglichkeiten und nenne 1D1, 1D2, 1E, 1E1, 2E1 und 1E2 für Güterzüge und großteils stromlinienverkleidete 2C2, 2D1 und 2D2 für Schnellzüge. Weil die Gleise auf zulässige Achsfahrmassen von bis zu 30 Tonnen ausgebaut wurden, waren aber auch schon kompakte Schlepptender-Rangierloks mit den Achsfolgen B (!) oder C schwerer und stärker als so manche Lokomotive mit doppelt so vielen Radsätzen in der übrigen Welt.

Und die kurze Blüte der Allergrößten

Und die Steigerung fand kein Ende. Die in Europa seltenen Lokomotiven mit verdoppelter Antriebseinheit schafften es bis in den Zweiten Weltkrieg zu vielen Varianten mit den Achsfolgen 2BB2, 3BB3, 1CC2, 2CC2, 1CC3, 1DD1, 1DD2, 2DD1 und schließlich 2DD2. Solche Giganten waren gekuppelt mit sieben- und achtachsigen Tendern, aus denen maschinelle »Stoker« die notwendigen Kohlemengen in die riesigen Feuerbüchsen schleuderten. Auffällig war die jeweils komplette Neukonstruktion vergleichbarer Typen für kleinste Bestellungen. Für sechs oder zehn oder vielleicht einmal 25 Exemplare erarbeitete man das ganze Zeichnungskonvolut und die Gussmodelle jeweils vollkommen neu.

3BB3: Das war das legendäre Einzelstück S1 der Pennsylvania Railroad (PRR), eine Lok von hinreißender Eleganz, hatte man doch den weltberühmten Designer Raymond Loewy mit dem Entwurf der Stromschale beauftragt. Mit 42,7 Metern Länge war sie die größte Schnellzuglok der Welt.

2DD2: Das war der 1941 und 1944 in 25 Exemplaren gebaute »Big Boy« der Union Pacific, die größte Dampflok der Welt.

Rabiate Abkehr

Weltweit einmalig der Höhenflug – weltweit einmalig auch der Absturz. Mineralölwirtschaft und Motorenindustrie, im Panzer- und Flugzeugkrieg 1941 bis 1945 unerhört expandiert, überzeugten nach Kriegsende die Bahngesellschaften mit vereinheitlichten dieselelektrischen Lokomotiven. Sie kamen zwar an die Leistungen der Dampfloks nicht heran, doch konnte man vier oder sechs Exemplare in Reihe vom vordersten Führerstand aus bedienen. Die Dampfloks wurden nun rasend schnell ausgemustert, etliche nach nur zwei oder drei Dienstjahren. Manche gingen nach Stornierung der Bestellung halbfertig vom Werkshof in den Schrott.

»Big Boy« Nr. 4014 fährt wieder! Das Größenverhältnis zwischen Lok und Menschen erscheint unwirklich. Lok und Tender sind 36 Meter lang und wiegen 548 Tonnen. Die größte deutsche Dampflok der Baureihe 45 nimmt sich dagegen mit 25,6 Metern und 190 Tonnen bescheiden aus.

Die Kleinen

78

… und die ganz Kleinen

Viele Seiten dieses Buches waren nun besonders starken, großen und schnellen Lokomotiven gewidmet. Jetzt zum anderen Ende des Spektrums! Nachdem die europäischen Hauptbahnnetze um 1880 weitgehend vollendet waren, wollten auch Kleinstädte und Marktflecken nicht mehr im Windschatten der neuen Kommunikation zurückbleiben. Zu einer Zeit mit sonst nur dem Pferdefuhrwerk als Transportmittel war der Bahnanschluss ein unverzichtbarer Wettbewerbsfaktor für Fabriken aller Art und den Fremdenverkehr. In allen Ländern erleichterte der Gesetzgeber die Anforderungen an Bau und Betrieb provinzieller Bahnen mit der Zulassung engerer Bogenradien, generell unbeschrankter Wegübergänge und dem Verzicht auf Signale für den überschaubaren Zugverkehr. Finanzierungsmodelle der Art, dass die Gemeinden die notwendigen Grundstücke kauften und bereitstellten und die Bahnverwaltung die Strecke baute und betrieb, trugen zur Blüte der staatlichen und privaten Lokal- und Kleinbahnen bei.

Eine vor dem Siegeszug der elektrischen Straßenbahn verbreitete Sonderbauart war die kastenartig verkleidete Trambahnlokomotive. Die »Laura« der Chiemseebahn fährt noch heute zwischen dem Bahnhof Prien und der Schiffsanlegestelle und gehört mit einem Baujahr 1887 zu den ältesten betriebsfähigen Dampflokomotiven der Welt.

Baustelle irgendwo um 1930 ohne einen Dieselmotor! Lokomotive und Bagger sind dampfbetrieben.

Zu Zeiten ohne Traktor und Muldenkipper

Österreich-Ungarn, Belgien und Frankreich, Sachsen und manche Betreiber in anderen deutschen Ländern bauten in Schmalspur. 750, 760, 850 und 1000 Millimeter breite Gleise hatten neben Dorfstraßen und in engen Tälern Platz. An Lokomotiven wurde eine Vielzahl hauptsächlich schlichter Bt und Ct verwendet, in Sachsen auch B'B't. Mit dem Vordringen des Kraftverkehrs begann schon früh das Sterben der Kleinbahnen. Es steigerte sich nach 1945 zum Kahlschlag. Um 1960 siegte im Restbestand der Dieselbetrieb.

Und dann gab es noch die ganz kleinen Lokomotiven. Als sich noch keine Muldenkipper, Hydraulikbagger und -lader auf Raupen oder mannshohen Reifen durch den Schlamm wühlten, empfahl sich für den Bau von Straßen, Großsiedlungen, Hafenmolen und Kanälen sowie für die Ausbeutung von Steinbrüchen und Tongruben und schließlich für die Abfuhr von Zuckerrüben oder Holz die mit bausatzmäßigem Gleis verlegbare Feldbahn. Auf der genormten Spurweite 600 mm brachten Deutsche, Franzosen und Engländer 1914 bis 1918 auch ihre vielen Millionen Granaten in die Artilleriestellungen. An Lokomotiven boten spezielle Hersteller wie Jung und Orenstein & Koppel per Katalog eine breite Auswahl an Bt und seltener Ct an. Aus heutiger Sicht rührend: Jeder spielzeughafte Gartentraktor unserer Tage hat mehr PS unter der Haube als eine Feldbahnlok.

Sonderfall ohne Kohle und Feuer

79

Dampfspeicherloks

Auf Seite 72 haben wir uns in Erinnerung an den einstigen Physikunterricht darauf besonnen, dass Wasser nur unter atmosphärischem Umgebungsdruck mit 100 Grad Celsius verdampft, unter höherem Druck jedoch mit höheren Temperaturen, nämlich beispielsweise bei den vom Kesselbau her gut beherrschbaren 16 bar mit 200 Grad. Schon im 19. Jahrhundert reifte der Gedanke, eine Lokomotive nicht mit eigenem Feuer zu beheizen, sondern ihrem Kessel mit heißem Wasser und Dampf aus einer stationären Anlage den notwendigen Vorrat für einige Stunden Rangierdienst mitzugeben. Die Aktivität der Dampfspeicherlok beginnt mit den genannten 16 bar. Durch den Verbrauch von Dampf mindern sich der Druck und demgemäß die Verdampfungstemperatur für immer weitere Wasserquantitäten. Mit ständig neuem Dampf lässt sich 6 bis 8 Stunden fahren! Noch mit 1,5 bar gelingt die Rückkehr zur Zapfstelle.

Im April 1991 fährt die Speicherlok aus Meiningen noch für die Brikettfabrik Deutzen südlich von Leipzig. Fünf Jahre später bot hier der Anblick einer grünen Wiese keine Erinnerung mehr an Lok und Werk.

Die letzte Dampfspeicherlok in Bayern war bis 2013 ein 1944 von der Maschinenfabrik Esslingen gebautes Exemplar bei der Chemiefabrik Gendorf nahe Burghausen. Aufnahme im Oktober 2008

Marktführer DDR

Die Dampfspeicherlok empfahl sich nicht für den Streckendienst, wohl aber für den internen Verkehr in Betrieben, in deren Produktionsabläufen ohnehin Dampf erzeugt wird. Besonders beliebt wurde sie für Werke, in denen wegen Brand- oder gar Explosionsgefahr reguläre Dampflokomotiven nicht und Dieselloks nur mit besonderem Funkenschutz fahren durften. In Deutschland wurden mindestens 2000 Dampfspeicherloks der Achsfolgen B, C und selten D und E gebaut. Besonders beliebt waren sie in der DDR, wo der Lokomotivbau Karl Marx Babelsberg zunächst bis 1969 nicht weniger als 291 dreiachsige Exemplare fertigte. Sehr bemerkenswert ist, dass in einer Zeit der Knappheit von Dieselkraftstoff noch 1983 bis 88 (!) weitere 202 Exemplare im Raw Meiningen nachgebaut wurden.

Aussterbende Technik

Nach Wende und Wiedervereinigung wurden viele Betriebe der braunkohlebasierten Chemieindustrie und Energiewirtschaft stillgelegt. Immer weniger Beschäftigte erwarben noch Routine in der Wartung und Bedienung der schwindenden Zahl von Dampfspeicherloks, sodass sie fast völlig von Dieselloks verdrängt wurden. Die Zahl betriebsfähiger Speicherloks – immerhin in Deutschland Ost und West – ist 2021 einstellig. Der Verfasser des Standardwerks über Dampfspeicherloks wird mir nicht böse sein, wenn ich seinen im Humor der Fachwelt gereiften dynastischen Titel zitiere: »Karl der Feuerlose«!

Hightech aus der Kraftwerktechnik

80

Turbinen- und Kondensloks

Herstellerwerke, Bahnverwaltungen und einzelne Forscher ließen nichts unversucht, um die Dampflokomotive über ihre seit Stephensons Zeiten unveränderte Grundform mit Stehkessel, Röhrenkessel, Kolbenmaschine und Blasrohr und über ihre kurz vor dem Ersten Weltkrieg erreichte Ausreifung mit Überhitzung und Speisewasservorwärmung voranzubringen. Deutsche Techniker waren dabei. In Erinnerung bleiben eine Versuchslok des Jahres 1929 mit einem bis auf 120 bar gesteigerten Dampfdruck 1941 und eine Versuchslok mit separaten Triebwerken pro Radsatz.

Besonders attraktiv erschien es, die Kolbenmaschine durch die in Dampfkraftwerken bewährte Turbine zu ersetzen. Doch ihr Einsatz auf der Lokomotive war schwierig. Die gelegentlich unverzichtbare Rückwärtsfahrt konnte nur mit aufwendigen Kunstgriffen ermöglicht werden. Zur Spreizung des Druckgefälles brauchte man einen geschlossenen Kreislauf, bei dem die Kondensation des Abdampfes im Tender einen Unterdruck

Ungewohnte Vorderpartie: die Turbinenlok von Maffei im Regelbetrieb als T 18 1002

Tender fast so lang und kompliziert wie die Lok: Kondens-52 von Henschel im Nachkriegsbetrieb

erzeugte. Damit freilich entfiel die Feueranfachung per Blasrohr; eine Hilfsturbine musste aushelfen.

Die Kondenslok

Im Ergebnis bewährte sich das Grundprinzip des Turbinenantriebs bei einer kleinen Schar von Versuchsloks in der Schweiz und in Schweden und bei zwei bemerkenswerten deutschen 2'C1' von Krupp und Maffei aus den Jahren 1924 und 1926 durchaus, doch zehrten die Hilfsantriebe die Kohleersparnis wieder auf. 12- und 16-achsige (!) Versuchsloks in den USA nach dem Zweiten Weltkrieg brachten keine Wende.

Die Rückgewinnung des Speisewassers wurde auch bei Loks mit Kolbenmaschine realisiert. Henschel lieferte Kondensloks in der Zwischenkriegszeit nach Argentinien, in den Irak und in die Sowjetunion und 1953/54 nach Südafrika. Auch die Deutsche Reichsbahn bezog von Henschel 178 Kondensloks, und zwar 1943/44 als Variante der 52er-Kriegslok. Sie sollten in wasserarmen Gebieten Russlands fahren – die freilich bei Auslieferung der Maschinen schon wieder verloren waren. Noch im Nachkriegsbetrieb schätzte man die Kondensloks. Sie mussten erst nach etwa 1000 Kilometern wieder Wasser nehmen; und mit dem geschlossenen Wasserkreislauf entfiel die leidige Bildung von Kesselstein. Die Technik war jedoch aufwendig. Der Tender geriet genauso lang und kaum weniger komplex als die Lokomotive.

Triebwerk mal zwei

81

Mallet und Meyer

Mit der Vermehrung der durch Kuppelstangen verbundenen Radsätze über drei hinaus ergaben sich Zwänge im Gleisbogen. Schon bald nach 1850 versuchte man die Teilung der Antriebseinheiten durch Übertragung der Kraft von einer dreiachsigen Gruppe mittels Kette auf ein weiteres Paar von Radsätzen.

Anwendungsreif war erst das vom schon erwähnten Vater der Verbundlok Anatole Mallet ersonnene System, bei dem die Hochdruckzylinder eine im Hauptrahmen fest gelagerte hintere Radsatzgruppe antreiben und die Niederdruckzylinder eine vordere Radsatzgruppe, die zusammen mit ihrem Triebwerk im Ganzen seitlich ausschwenkbar ist. In der Sprache der Achsfolgen sind das dann die als Schlepptenderloks in Deutschland ganz selten gebliebenen B'B und die als Tenderloks etwas häufigeren B'Bt, C'Ct oder D'Dt. Ungarn baute mächtige C'C und (1'C)C. Die vielen US-Loks mit geteilten Triebwerken waren hingegen keine Verbundloks, sondern arbeiteten in allen vier Zylindern mit Frischdampf.

Deutschlands erfolgreichste Lok mit geteiltem Triebwerk: die IV K im musealen Dienst 2018 vor einem einst üblichen Zug mit Normalspurwagen auf Rollwagen auf der Strecke Mügeln–Oschatz

Die bei weitem größte deutsche Malletlok war die achtachsige bayerische Gt 2 x 4/4 für den Schiebedienst auf Steilrampen, hier aufgenommen als 96 022 der Deutschen Reichsbahn.

Sächsisches Kulturerbe: die Meyer-Lok

Eine noch bessere Bogenläufigkeit erzielte der Elsässer Jean Jacques Meyer mit der Beweglichkeit beider Antriebseinheiten als Drehgestelle um den Preis flexibler Leitungen auch für Hochdruckdampf. Im Gegensatz zur Mallet arbeiten bei Meyer alle Triebwerke von der Fahrzeugmitte aus nach vorne und hinten. Größte Bedeutung erlangte die »Meyer« hierzulande in Gestalt der sächsischen IV K, der mit 96 Exemplaren im bemerkenswert langen Bauzeitraum 1892 bis 1921 meistgebauten deutschen Schmalspurlok.

Die kompakte B'B'n4vt war über ein Jahrhundert aus dem Verkehrsgeschehen in den engen Tälern des Erzgebirges nicht wegzudenken. 1962 bis 1969 unterzog das Raw Görlitz sieben Loks einer Generalreparatur – und fertigte anschließend unter Wahrung aller Maße aus dem 19. Jahrhundert 23 neue Loks! Weil dies in der Planwirtschaft absolut nicht vorgesehen war, tarnte man den Neubau als »Rekonstruktion« unter Beibehaltung der Nummern völlig verschlissener Altloks, die man diskret verschrottete. Der genau 100 Jahre währende Regelbetrieb der IV K – zuletzt auf der Strecke Oschatz–Mügeln – ging 1992/93 nahtlos in den Dienst bei mehreren Museumsbahnen über.

Lok mal zwei

Garratt

82

Nur der Zeitgenosse, der spätestens in den 1980er-Jahren das östliche oder südliche Afrika bereiste, hat heute noch lebendige Erinnerungen an eine in Mitteleuropa ausgebliebene Dampflokbauart mit weltweit immerhin 1700 Exemplaren. H. W. Garratt entwickelte für den britischen Hersteller Beyer-Peacock eine Lokomotive mit zwei separaten Antriebseinheiten. Die gelenkig verbindende Brücke trägt das Führerhaus und den Kessel, dessen Dimensionierung nicht durch darunter befindliche Radsätze und Triebwerke eingeschränkt ist. Auf den weit nach vorne und hinten ragenden Lokomotivhälften haben die großzügigen Vorratsbehälter Platz.

In Deutschland gebaut, in Afrika gefahren

In Achsfolgen ausgedrückt, baute man mächtige (1'C)(C1'), (2'C1')(1'C2'), (1'D1')(1'D1'), (2'D1')(1'D2') für Bahnen verschiedener Spurweiten in Großbritannien, Frankreich, Spanien, der Sowjetunion und vor allem in Afrika, Südamerika, Südostasien und Australien. Die Garratts gehörten zu den stärksten und schwersten Dampflokomotiven der Welt

Auf dem Werkshof von Henschel in Kassel 1952: eine 14-achsige Garratt-Lok mit 1067 Millimetern Spurweite für Südafrika …

und messen in der Länge bis zu 27 Meter. Deutsche Hersteller bauten 145 solche Lokomotiven für Thailand, Brasilien, Mosambik und vor allem noch bis 1958 für Südafrika.

… und die Garratt in der Weite Südafrikas im Januar 1972!

Zur Heidi auf die Alp

Dampf auf der Zahnradbahn

83

Zu Beginn des Eisenbahnzeitalters galten die Alpen noch als ein möglichst zu umgehendes unwirtliches Verkehrshindernis. Das änderte sich im letzten Drittel des 19. Jahrhunderts radikal. Ein bürgerliches Großstadtpublikum entdeckte das Gebirge als Frischluftreserve und Erholungslandschaft, das Bergsteigen als gesundheitsfördernde Abwechslung zu Kanzlei und Kontor – und wenig später auch das Alpenpanorama als Projektionsfläche für rückwärtsgewandte, zivilisationskritische Sehnsüchte. Ein so wichtiges wie beklemmendes Motiv für die Reise auf Bergeshöhen war die Bekämpfung der Tuberkulose zu einer Zeit noch ohne Antibiotika, in der nur die Langzeitkur in dünner Luft gewisse Heilungschancen bot. Nach dem Erscheinen der »Heidi«-Erzählung von Johanna Spyri 1879 gab es kein Halten mehr für den Tourismus auf die Berge. Die Eisenbahntechnik war innovativ zur Stelle. Der Schweizer Nikolaus Riggenbach eröffnete dem Dampfzug mit Antriebszahnrad auf einer Strecke mit Zahnstange zwischen den Schienen die Fahrt auf Steigungen bis zu 250 Promille statt wie im Reibungsbetrieb äußerstenfalls 40 Promille.

Dampfmaschine arbeitet umgekehrt: Gegendruckbremse!

In der Schweiz und in Österreich entstanden ab dem Jahr 1872 viele schmalspurige Zahnradbahnen für den touristischen Personenverkehr. Die Lokomotiven fielen auf durch einen auch bei Schrägfahrt einigermaßen waagerecht liegenden Kessel und den Antrieb von einer schneller laufenden Maschine über ein Getriebe auf das Zahnrad. Unabdingbar war die ebenfalls von Riggenbach entwickelte Gegendruckbremse, mit der das Triebwerk bei Talfahrt Luft komprimiert, statt Dampf zu verbrauchen. Stets fuhr die Lok in beiden Richtungen mit der Rauchkammer bergwärts und hatte ihren Platz immer an der Talseite der Wagengarnitur.

Von Jenbach in Tirol hinauf zum Achensee fahren wir auch tief im 21. Jahrhundert mit Lokomotiven aus dem Jahr 1889. Eine Streckenlänge von 7 Kilometern, eine Höhendifferenz von 430 Metern und eine größte Steigung von 160 Promille sind die für einen solchen Betrieb recht typischen Eckdaten. Nach kurzer Pause im Bahnhof wird die Lok wieder in einen Zahnstangenabschnitt einfahren.

Fahren Sie mal hin!

Um 1900 ging die Entwicklung über die dampfbetriebene Zahnradbahn hinaus, weil das Gebirge mit unmittelbar verfügbarer Wasserkraft ideale Bedingungen für den elektrischen Betrieb bot. Doch vorhandene Dampfbahnen hielten sich. Und auf der Brienz-Rothorn-Bahn in der Schweiz fahren sogar neue Dampfloks aus den Jahren 1992 und 1996.

Für Berg und Tal

84

Zahn und Reibung

Manche Eisenbahnfreunde belächeln die Zahnradbahn als Spielzeug im alpinen Freizeitpark. Kein Zweifel an ernsthaftem Bahnbetrieb mit Bedeutung für Volkswirtschaft und Reiseverkehr kommt auf bei der Betrachtung des kombinierten Systems mit bis zu etwa 40 Promille auf Reibungs- und bis zu 200 Promille auf Zahnstangenabschnitten. Die drei- bis achtachsigen Loks für solche Bahnen waren mit ihrem verdoppelten Antriebsmechanismus Meisterleistungen des Maschinenbaus, auch sie mit unverzichtbarer Gegendruckbremse. In Deutschland gab es solche Bahnen im Mittelgebirgsraum vom Rheintal über Thüringen und den Harz bis Schlesien, im Schwarzwald, in der Schwäbischen Alb sowie von Passau zur österreichischen Grenze.

Erzberg und Furkapass

Höchste Leistungen waren gefordert auf der Erzbergbahn in der Steiermark, wo von 1891 bis 1978 schwere Züge mit je einer Lokomotive vorne und hinten auf Steigungen bis zu 71 Promille über die Passhöhe fuhren. Viele solche Bahnen und so auch alle in Deutschland wurden später auf reinen Reibungsbetrieb umgestellt, als nämlich eine neue Generation schwerster Tenderloks mit fünf angetriebenen Radsätzen auch Steigungen bis 60 Promille schaffte.

Als schönste kombinierte Bahn in Europa bewältigte die meterspurige Furka-Oberalp-Bahn auf 97 Kilometern Länge die Strecke vom räthischen Disentis über den Furkapass bis nach Brig im Rhônetal. Das Höhenprofil steigt von 1130 auf 2033 Meter und fällt dann auf 672 Meter Meereshöhe. Im Reibungsbetrieb werden 40 Promille gemeistert, auf den Zahnstangenabschnitten 180 Promille

Gletscher vergeht, Dampf besteht

Seit 1982 ermöglicht ein Basistunnel den ganzjährigen Betrieb der bereits in den 1940er-Jahren elektrifizierten Bahn, und zwar ohne Zahnstangenabschnitte. Aber nun begann auf der Basis schier unglaublicher Eigenleistungen von Amateuren aus aller Welt ein wahres Wunder. Die bereits verfallende Bergstrecke wurde Meter für Meter instandgesetzt. Vor Jahrzehnten nach Vietnam verkaufte und dort im Dschungel rostende Lokomotiven wurden zurückgekauft und nach ihrer Reise um die halbe Welt reaktiviert. Seit 2010 fahren in jeder Sommersaison wieder prächtige Dampfzüge über den Pass!

Blaues Wunder am Furkapass!

Schade, dass ich Ihnen kein Hörbuch vorlegen kann! Die Akustik der beiden Loks am Erzberg 1966 muss man sich eindrucksvoll vorstellen! Die 197.302 an der Zugspitze aus dem Jahr 1912 hat einen flachen Giesl-Schornstein erhalten.

Republikflucht mit Dampf

Lokführer machen Schlagzeilen

85

1948 hatte sich in der Tschechoslowakei eine besonders rabiate Variante stalinistischer Herrschaft etabliert. Reisen ins Ausland wurden verboten, die Grenzen gegen Fluchtabsichten streng bewacht. Lokführer Jaroslav Konvalinka mit Frau und kleinem Kind tat sich mit einigen ebenfalls von der Geheimpolizei verfolgten Kollegen und Freunden nebst Familien zusammen. Und so geschah es, dass am 11. September 1951 der planmäßige Zug von Prag über Eger nicht wie üblich vor dem regulären Endbahnhof Asch abbremste, sondern mit 90 Stundenkilometern fröhlich weiterfuhr. Für die diskrete Entleerung der Luftleitung der Bremse hatten Mitstreiter im Zug gesorgt, die auch die Handbremsen in den Wagen bewachten. Seinen Heizer überzeugte Konvalinka mit einer Pistole. Bevor die überraschten Grenzsoldaten reagieren konnten, stand der Zug bereits 2 Kilometer weit in Bayern vor dem Bahnhof Selb-Plößberg. Die 365.011 war sofort die bekannteste Lokomotive der Welt. Die unter dem Besatzungsstatut noch zuständige amerikanische

Auffällig viele Leute auf dem Führerstand der 365.020 der ČSD, einer Schwesterlok der Heldin von Aš. Aber ein Abenteuer wird hier am 17. September 1960 in Ústi nad Labem nicht vorbereitet.

Selber Tagblatt

„Selber Tagblatt" erscheint wöchentlich viermal: …tag, Mittwoch, Freitag, Samstag. Bezugspreis 2.35 DM …schließlich Trägerlohn. Anzeigenpreis nach Preisliste 2

Amtsblatt der Stadt Selb und der übrigen Behörden

Druck und Verlag: Buchdruckerei F. & A. Münch, Selb, Marienstraße 11. Fernsprecher 226. Unsere Geschäftsstelle ist geöffnet: wochentags 7–12 und 13.30–17 Uhr

…eimatzeitung für die Porzellanstadt Selb und Umgebung / Hohenberger Zeitung / Selb- und Egertalbote

… 141 | Selb | Mittwoch, 12. September 1951

Abenteuerliche Flucht in die Freiheit

Tschechischer D-Zug bei Asch über die Grenze gerast

100 Kilometern auf deutsches Gebiet – Ein vorbereitetes Husarenstück

(Eig. Bericht) Am Dienstag nach… …urchfuhr der planmäßige Schnellzug …strecke Prag—Asch den Endbahnhof …ne anzuhalten und überquerte mit …

… mäßigen Nachmittag-Schnellzug Prag—Asch kaufen sollten. Wie die Flucht bewerkstelligt werden sollte, war ihnen nicht bekannt. Kurz vor Asch habe dann der Lokführer sämtliche …

… jetzte derartige Fluchtaktion gewesen sein dürfte, denn von nun an werden die Tschechen den Bahnhof Asch wahrscheinlich mit stärkster Bewachung belegen und schärfste Sicherheitsmaßnahmen treffen. …

Synthetischer Feiertag

Von Winfried Martini

Der Bundestag bewies einen guten Instinkt, als er vor zwei Jahren Professor Doktor Theodor Heuß zum Bundespräsidenten berief. Die Verfassung hat dieses Amt nur mit sehr bescheidenen Rechten ausgestattet. Seine wichtigsten Funktionen sind repräsentativer und symbolischer Art, es kommt weniger auf das Tun seines Trägers als auf die Würde seines öffentlichen Auftretens an. Zweifellos ist es in dieser Hinsicht bei Heuß in ausgezeichneten Händen. Er ist einer der besten Vertreter jenes gebildeten, liberalen Bürgertums, das als geschlossene Schicht heute aufgelöst ist, nachdem seine im wesentlichen der Paulskirche entnommenen Ideale schon längst Schiffbruch erlitten hatten, bevor Hitler kam. Heuß ist eine vorzügliche Visitenkarte der Republik nach außen hin. Aber auch nach innen hat er seinen Wert offenbart. Obwohl er von der FDP her kommt, kann auch der entschie…

Militärpolizei umstellte und beschlagnahmte den gesamten Zug. Prag beschwerte sich über die »Entführung« braver Staatsbürger durch »Terroristen«. 77 ungewollte Bayernbesucher wurden mit Bussen an die Grenze zurückgebracht. Der Zug wurde nach geraumer Zeit freigegeben und abgeschoben. Den 27 Flüchtlingen wurden Wege nach England, Kanada und in die USA weit weg von den Zugriffsmöglichkeiten der tschechoslowakischen Geheimpolizei eröffnet.

Last exit Albrechtshof

Am 13. August 1961 riegelte die DDR die Demarkationslinie zu den Westsektoren von Berlin ab. Der bis dahin mögliche Übertritt dorthin wurde zum lebensgefährlichen Abenteuer. Auch hier nun ein Vorfall ähnlich wie zehn Jahre zuvor in an der bayerisch-böhmischen Grenze: Lokführer Harry Deterling hatte konspirativ seine Reisegesellschaft aus mehreren Familien zusammengestellt und ignorierte am 5. Dezember 1961 die planmäßige Endstation seines Personenzugs Oranienburg–Albrechtshof nordwestlich von Berlin. Auch seine Kameraden hatten die Bremsluft entweichen lassen. Erst kurz vor Spandau im britischen Sektor brachte er seine 78 079 zum Halten. Die Aktion wurde in Westdeutschland unter dem Titel »Durchbruch Lok 234« spannend verfilmt.

In der Folgezeit wurde auf den östlichen Grenzbahnhöfen ein strenges Regime eingeführt. Nur mit Genehmigung eines Offiziers im Stellwerk durften die Weichen für jeweils genau eine Zugfahrt in Richtung Westen gestellt werden. Für den Grenzverkehr waren nur Loks mit vergitterten Wassereinläufen zugelassen, damit eine Flucht mit Taucherausrüstung unmöglich wurde.

Tief gesunken

Lokomotiven unter Wasser

86

Wasser in der Lokomotive hat sich besser bewährt als die Lokomotive im Wasser. Aber einige Lokomotiven fanden ihr nasses Grab schon vor der ersten Fahrt. Die Lokomotive RHEIN von Keßler in Karlsruhe mit der Fabriknummer 205 aus dem Jahr 1852 sollte der Düsseldorf-Elberfelder Eisenbahn mit einem Lastensegler zugestellt werden. Bei Germersheim jedoch rollte sie vom Schiff. Die Bergung scheiterte. Die RHEIN im Rhein wurde nie vergessen. Schon in den 1920er-Jahren spekulierte die Fachwelt über ihren Liegeplatz nach zwischenzeitlicher Regulierung des Stromes. 1992 nahmen Eisenbahnhistoriker die Lokalisierung im nunmehr trockenen Gelände mit modernen Metallsuchgeräten in Angriff. Vermeintliche Gewissheiten zerstoben am 2. Oktober 2018, als der Bagger vor laufender Fernsehkamera eine von keinem Metallsplitter gestörte Kieslage aufgrub.

Rhein und Donau, Atlantik und Baikalsee …

Im Zweiten Weltkrieg bauten britische Hersteller 208 Exemplare der »8F« mit der Achsfolge 1'D für die Kriegsschauplätze im Nahen und Mittleren Osten. Mindestens zwei davon erreichten ihr Einsatzgebiet nicht, weil das Transportschiff THISTLEGORM auf dem langen Weg von Glasgow um Afrika herum nach Ägypten am 6. Oktober 1941 von einem deutschen Kampfflugzeug im Roten Meer versenkt wurde. 1945 bis 1947 bauten US-amerikanische und kanadische Hersteller für die vom Krieg schwerst getroffenen französischen Eisenbahnen eine umfangreiche Hilfslieferung von 1'D1'-Mehrzweckloks. Von 1340 Exemplaren nahmen 1323 ihren Dienst als Reihe 141.R der SNCF auf und fuhren teilweise bis 1974. Aber 17 Exemplare liegen seit dem 11. April 1947 zusammen mit dem Frachter BELPAMELA vor Neufundland auf dem Grund des Atlantiks.

Nichts Näheres bekannt ist zu dem Verlust von 18 der 2120 in den USA für den Krieg in Europa gebauten 1'D auf dem Seeweg über den Atlantik. Bewusst opferte Jugoslawien am 31. Dezember 1969 beim Fluten einer Staustufe die letzte Lokomotive der 1916 gebauten Treidelbahn am Eisernen Tor, dem Donaudurchbruch an der serbisch-rumänischen Grenze. Der Transsibirischen Eisenbahn fehlte anfangs die schwierige Uferpassage um den Baikalsee. Im Sommer wurde er per Fähre überbrückt; im Winter wurden Gleise auf das dicke Eis gelegt. 1901 brach ein Zug ein und versank.

Beliebtes Ziel für Taucher: britische 8F im Roten Meer!

Lebensdauer

87 Lebensleistung

Technologisch gibt es keine Begrenzung für die Lebensdauer einer Lokomotive. Im standardisierten Ausbesserungsverfahren des 20. Jahrhunderts blieb von ihrer jeweiligen Ursubstanz im Lauf der Jahrzehnte ohnehin wenig übrig. Die Kesselrohre und die Radreifen wurden als Verschleißteile regelmäßig ersetzt. Nach einer Hauptuntersuchung kehrte so manche Maschine mit einem Ersatzkessel neueren Datums in den Betrieb zurück.

Transplantation rettet Lokleben

Bei schwer geforderten Lokomotiven geriet die Reparatur vorhandener Kessel zum annähernden Neubau. Zylinderblöcke, Radsätze, Pumpen und Stangen wurden getauscht oder aus Neuproduktion ersetzt. Schicksal vieler Generationen von Lokomotiven wurde nicht die irreparable Abnutzung, sondern der technische Fortschritt. Dreiachsige Nassdampflokomotiven mit einem Kesseldruck von weniger als 10 bar konnte man im Betrieb des 20. Jahrhunderts kaum mehr verwenden. Nur die Un-

kenntnis von realen Einsatzbedingungen konnte leitende Beamte auf den Gedanken bringen, veraltete Hauptstreckenloks im Rangierdienst oder auf Nebenbahnen nachzunutzen. Gerade in diesen Bereichen ist flexible Anpassung an oftmals auch hohe Anforderungen besonders wichtig.

Hundert Jahre und hundert Mal um die Erde

Am ehesten bei isolierten, kleinen Bahnverwaltungen hielten und halten sich Dampflokomotiven im Windschatten der weltweiten Modernisierung über mehr als ein Jahrhundert. Die Graz-Köflacher Bahn in der Steiermark verwendete C-Güterzugloks mit Baujahren ab 1860 im Regelbetrieb bis 1965. Schon erwähnt wurde die Achenseebahn, deren Lokomotiven von 1889 auch 2021 noch die Sommersaison bestreiten. Und die schmalspurige Talyllyn Railway an der Westküste von Wales fährt mit Lokomotiven aus den Jahren 1864, 1866 und 1878.

Und welche Lebensleistungen an Kilometern sind für Dampfloks möglich? Die höchsten Werte erreichten naturgemäß Schnellzugloks, die in guten Zeiten mehr als 10.000 Kilometer im Monat fuhren. Damit waren in den vier Betriebsjahrzehnten vieler 01 und 03 von DB und DR Gesamtleistungen von 3 bis 4 Millionen Kilometern möglich. Übrigens: Einen Kilometerzähler hatten die Loks nicht. Aber jede Fahrt wurde auf einem Formblatt verbucht.

Auch neue Loks leben lang

Als die Elektro- und Dieselloks der Dampflok den Todesstoß versetzten, spottete so mancher über die gewiss bald verschlissenen »Blechkästen«. Doch Dienstzeiten von ebenfalls vier und auch fünf Jahrzehnten und Gesamtlaufleistungen von oftmals 7 bis 10 Millionen Kilometern belegen das Gegenteil.

Die Nr. 674 der Graz-Köflacher Bahn war 102 Jahre alt, als der Fotograf sie im beschaulichen Rangierdienst in der Steiermark antraf. 1969 verließ sie den Betrieb in Richtung Museum.

Willkommen im Biedermeier

88

Dampflok kommt an!

Die Dampflokomotive war die bedeutendste Erfindung des 19. Jahrhunderts und hat insofern ähnlichen Rang wie Schießpulver und Buchdruck als »Leitfossilien« früherer Jahrhunderte. Sie revolutionierte nicht nur die Wirtschaft, sondern bewegte im wahrsten Sinn des Wortes auch die Gemüter. Nachdem Bergwerks- und Schiffsmaschinen schon eine Weile unter Tage bzw. unter Deck gearbeitet hatten, fuhr sie nun mitten hinein in vorindustrielle Landschaften mit von Wasser und Wind getriebenen Mühlen und Hammerwerken und mit Pferdegespannen vor Kutschen und Lastkarren und vor dem mancherorts noch hölzernen Pflug.

Vulkan, Drache, Apokalyptischer Reiter, Höllenhund …

Unübertrefflich war die auf alle Sinne wirkende Symbolkraft der Lokomotive. In ihr wirkten mit schwarz-kristalliner Erde, Wasser, Feuer und Luft die vier Elemente der antiken Naturlehre zusammen. Und

Bauernbuben fürs Leben fasziniert

Die Skizze des österreichischen Heimatschriftstellers Peter Rosegger (1843–1918) von der ersten Begegnung und schließlich sogar Fahrt mit der Semmeringbahn bald nach der Eröffnung 1854 bleibt so heiter lesbar wie sicherlich wirklichkeitsnah. Wunderbar und doch wahr ist auch die Geschichte von dem ungarischen Verkehrsminister Baross, der sich 1884 über verlängerte Zugaufenthalte auf der kleinen Landstation Tápioszele wunderte. Man ermittelte, dass hier der 15-jährige des Lesens und Schreibens nicht kundige Hirtenjunge István Lédács jeden Tag Teile der Lokomotive vermaß, um sich ein präzises Holzmodell zu bauen. Der hohe Herr verschaffte dem Buben eine Lehrstelle im Maschinenbau-Konzern MÁVAG. Lédács beschloss seine Laufbahn als Chef des Unternehmens. Das Modell steht im Verkehrsmuseum Budapest.

war hier nicht der Drache aus alten Legenden zur Wirklichkeit erwacht oder hatte der Mensch sich die Gewalten von Vulkan oder Gewitter dienstbar gemacht? Funkensprühend, donnernd und mit nie gekannter Geschwindigkeit überrollte der Dampfwagen die hergebrachten ökonomischen, politischen und militärischen Koordinatensysteme. Die Lokomotive weckte Ängste genauso stürmisch wie Hoffnungen. Während die Großmutter auf dem Dorf vor dem feurigen Ungetüm aus der Hölle als Vorboten des Weltuntergangs erschauerte, ließ sich der Enkel bereits vom Lehrer oder Pfarrer beim Bewerbungsschreiben um eine Stelle als Stationsadjunkt, Maschinenwärter oder Heizer helfen. Und wegen des großen Personalbedarfs der neuen Bahnen hatte er gute Chancen, schon bald seinen Eltern vom Führerstand aus zuzuwinken.

Ankunft von Dampflok und Eisenbahn im Biedermeier! Kolorierter Stich von der Einweihung der Strecke Dresden–Pirna am 31. Juli 1848

Heizlok oder Denkmal

Leben nach dem Leben

89

In aller Regel war die »Zurückstellung von der Ausbesserung«, im Betriebsbogen von Reichs- und Bundesbahn mit »z« verbucht, schon das vorgezogene Todesurteil. Kaum je rechtfertigte eine aktuelle Bedarfslage noch die Ausbesserung einer als entbehrlich abgestellten Lok. Der »Z-Stellung« folgte die Ausmusterung, mit der die Maschine den Fuhrpark verließ und zu jeder Nutzung freigegeben war – meist der Zerlegung auf dem Schrottplatz.

Doch gab es Ausnahmen. Eine des Zugdienstes nicht mehr würdige Lokomotive konnte immer noch abgestellte Zuggarnituren vorheizen, Dampf für eine Fabrik erzeugen oder bis zur Fertigstellung der Heizanlage für einen Wohnblock aushelfen. Zu einer besonderen Meisterschaft brachte es insoweit die späte DDR, wo die ausgemusterte Dampflok zum Ensemble

Ein wunderbares Dokument aus dem subversiven Geist in der späten DDR! Mit Volldampf will man ins 150. Jahr der deutschen Eisenbahnen fahren. Den staatlichen Organen, die den Fotoaustausch zwischen den Eisenbahnfreunden mit tschekistischer Neugier überwachten, waren mit der Erkenntnis überfordert, dass eine 44 ohne Zylinder und Stangen im Hauptbahnhof Halle den Ironie-Express vorheizt.

Kaum mehr zu ahnen ist, dass dieses österreichische Schneeräumfahrzeug auf dem stabilen Rahmen einer vormaligen 52er-Dampflok montiert ist. Aufnahme 2013 in Wörgl

so mancher Plattenbausiedlung gehörte. Für etwa 80 Lokomotiven ist eine solche Nachnutzung dokumentiert. Energiewirtschaftlich konnte der »mobile Dampferzeuger« natürlich nicht mit einer automatisierten und gut isolierten Zentralheizung mithalten.

Kalte Lok in Schnee und Stadtpark

Nützliche Verwendung fanden die jeden Antriebs beraubten Lokomotiven auch als schwere und damit entgleisungssichere Fahrzeugbasis von Schneepflügen. Österreich baute ausgemusterte 52er-Kriegsloks entsprechend um. Und gegen Ende der Dampflokzeit etwa ab 1965 glaubten Bahnverwaltungen, Lokhersteller und Stadträte, dem historischen Andenken und dem Ortsbild mit einer Dampflokomotive in einer Grünanlage ein bleibendes Glanzlicht zu spendieren. Die Enttäuschung folgte schnell. Ohne die Wärme und die ständige Erneuerung des Ölfilms im Betrieb beginnt sofort die schädliche Wirkung des Rostes. Regen, Herbstlaub und Schnee tun das Ihre; nirgends fehlte es auch an Zeitgenossen, die Glasscheiben einwarfen, Unrat jeder Art hinterließen und mit schwerem Gerät Schilder und Armaturen abbrachen. Konservierung gab es nur, wenn ein betreuendes Netzwerk unentwegt mit Drahtbürste, Farbtopf und Pinsel zur Stelle war. Und jedenfalls: Gerettet war die Maschine erst einmal; Rahmen, Zylinder und Räder hielten der Korrosion stand. So manche Denkmallok schaffte nach Jahrzehnten sogar die Wiederauferstehung in den musealen Fahrdienst.

Feinmechanik im Garten

Miniaturdampfloks

90

Hier ist nicht der Ort für eine Würdigung der zahllosen rührenden Spielzeug- und professionellen Modelllokomotiven, die mit elektrischem Antrieb unter Weihnachtsbäumen kreisen oder vorbildgerechte Zuggarnituren durch Liliputlandschaften führen. Vielmehr geht es um echte kleine Lokomotiven aus Stahl, Kupfer und Messing, die tatsächlich mit Feuer und Dampf arbeiten. In Deutschland kommt man bei keinem Vergangenheitsthema um Johann Wolfgang von Goethe herum, der bekanntlich nicht nur Dichter, Philosoph und Naturforscher war, sondern auch engagierter und umtriebiger »Geheimer Rat« im Herzogtum Sachsen-Weimar-Eisenach mit der Zuständigkeit für Straßenbau, Bergbau und Industrie. In seiner dienstlichen Funktion erhielt er kurz vor seinem Tod 1832 das wohl erste nach Deutschland gekommene Modell eines Eisenbahnzuges. Die Lok mag dem etwas jüngeren 1A1-Modell aus dem Jahr 1838 im Maßstab 1:10 ähnlich gewesen sein, das 1998 bei der Renovierung des Maximilianeums in München in dem seit 1857 verschlossenen Raum mit den Beigaben zur Grundsteinlegung gefunden wurde. Heute ziert es das Foyer des Bayerischen Landtags.

Eine 1'E1't der »Tierklasse« der früheren Halberstadt-Blankenburger Eisenbahn als wunderbares »live steam«-Modell

Höchstform der Modellbahn: »live steam«

Kein Eisenbahnfreund kann vom Erwerb eines solchen Museumsstücks träumen. Es gibt aber technisch begabte Männer, die mit Drehbank und Fräsmaschine, Gießerei und Schweißgerät im Keller veritable betriebsfähige Dampflokomotiven bauen. Beliebt ist der Maßstab 1:11 entsprechend einer Spurweite von 5 Zoll in dem auch insoweit führenden Dampflokland Großbritannien. Der Betrieb einer 70 bis 220 Zentimeter langen, mit kleinkörniger Kohle befeuerten Maschine ist für Jung und Alt ein echtes Erlebnis, für »Jung« auch ein Fahrerlebnis, weil die Zugkraft für etliche Wagen mit Kindern ausreicht.

Verlässliche Freundschaft

91

Kinder und Dampflokomotiven

Eine unvergleichliche Aufmerksamkeit weckte die Dampflokomotive bei Generationen von Kindern. Ein Grund hierfür ist ihre Ähnlichkeit zu den Tieren, die den Kindern mit ihrer Vitalität und Mobilität, mit kaum beeinflussbarer Wildheit und Spontaneität, mit ihrer Geschicklichkeit und ihrer Neugier elementar wichtige Widerspiegelungen ihres eigenen Wesens auf dem Weg der Reifung zu rational gesteuerten, sprachbegabten und disziplinierten Erwachsenen sind. Die Lokomotive »lebt« wie ein Tier mit einem förmlichen Stoffwechsel; sie hat Hunger und Durst, produziert Schweiß und Ausscheidungen, sie ist laut und gefährlich; und sie wird von ganz besonders bewunderten und mächtigen Erwachsenen gebändigt.
Zugleich ist die Dampflok die faszinierende neue Maschine. Da mögen sich die Großeltern fürchten, da mag die Tante Angst vor Ruß auf ihrem Kleid haben, und da mag der alte Fuhrknecht auf seinem Bock den Kopf schütteln über eine fahrende Wagenburg ohne Pferde und Ochsen – wir Kinder wissen es besser: Das ist unsere Zeit, das ist unsere Welt! Wir werden mit diesen Zügen in die Ferne und in die Zukunft reisen; wir werden selbst Lokomotivführer werden.

Und mit den eigenen Armen als Triebwerk und mit akustischen Imitationen war der kleine Junge auch ganz einfach selbst die Lokomotive. Identifikation ist eine der wichtigsten Formen von Spiel.

Selbstverständlich sprang die Spielzeugindustrie auf den Dampfzug auf und lieferte Nachbildungen in unendlicher Vielfalt von der bunt lackierten Holzbahn bis zum Funktionsmodell jeder Größe mit Uhrwerkantrieb oder echtem Dampf, mit Elektromotor und im 21. Jahrhundert mit einer raffinierten Auswahl digitaler Fahr-, Licht- und Tonfunktionen. Zwischen kindlichem Staunen und Modellbahnhobby im Erwachsenenalter gibt es keine scharfe Trennlinie. Nur noch langweilig ist die Amateurpsychologie im Zeitungsfeuilleton mit ihrer stetigen Interpretation des Interesses an kleinen Eisenbahnen als Symptom für Persönlichkeitsdefizite.

Ein kleiner Junge mit seiner Lokomotive. Eine Straßenszene um 1930!

Züge nicht nur im Kursbuch

92 Dampfloks in der Literatur

Mit der Anschaulichkeit ihrer Kräfte und der Auffälligkeit ihrer Wesensäußerungen wurde die Dampflokomotive natürlich auch Gegenstand der schöngeistigen Literatur. Hans Christian Andersen (1805–1875) ist beim ersten Betreten eines Bahnhofs völlig verwirrt und staunt über »wandelnde Schornsteine« (ein wunderbares Bild!) »und Gott weiß was alles«.

Justinus Kerner (1786–1862) reimt:
Hört Ihr den Pfiff, den wilden grellen,
es schnaubt, es rüstet sich das Tier,
das eiserne, zum Zug, zum schnellen,
herbraust's wie ein Gewitter schier.
In seinem Bauche schafft ein Feuer,
das schwarzen Qualm zum Himmel treibt;
ein Bild scheint's von dem Ungeheuer,
von dem die Offenbarung schreibt.

Der große deutsche Schriftsteller des 20. Jahrhunderts, Thomas Mann (1875–1955), hat ein wirkliches Eisenbahnunglück miterlebt, nämlich die Entgleisung des Nachtschnellzugs München–Dresden am 1. Mai 1906. Seine Diagnose: »Die Schnellzugsmaschine von Maffei in München war hin und entzwei, Preis 70.000 Mark«, war zu pessimistisch: Die 2'C n4v der Gattung C V (amtlich überliefert ist ein Preis von 79.600 Goldmark) fuhr danach noch zwei Jahrzehnte.

Laut Dichterwort ist die Engerth der französischen Nordbahn »in ihrer plastischen Schönheit reichlich ebenso viel wert wie die Frau«. Die Stellungnahme der Gleichstellungsbeauftragten der Nordbahn-Gesellschaft ist nicht überliefert. Lokführer und Heizer hätten sich über einen besseren Schutz vor Regengüssen mehr gefreut als über alle verbalen Ergüsse.

Literarische Lokomotiverotik

Staunenswert versteigt sich Joris-Karl Huysmans (1848–1907) unter dem Eindruck von Besuchen auf dem Nordbahnhof zu Paris. Nach seinem Urteil hat die Natur ausgedient. »Keine ihrer namhaften Erfindungen ist so erhaben oder so großartig, dass das menschliche Genie sie nicht auch erschaffen könnte … Um schließlich jenes ihrer Werke gebührend zu würdigen, das als das Erlesenste angesehen wird, jene Schöpfung, deren Schönheit nach Meinung aller ihre ursprünglichste und vollendetste ist, die Frau: Hat denn nicht der Mensch ganz allein ein belebtes und künstliches Wesen verfertigt, das unter dem Gesichtspunkt der plastischen Schönheit reichlich ebenso viel wert ist? Gibt es hienieden ein Wesen … dessen Muster, dessen Ausführung blendender und glanzvoller wäre als jene der beiden Lokomotiven, die für die Nordbahn in Betrieb genommen wurden: Die Crampton, eine anbetungswürdige Blondine mit heller Stimme, groß und zart, eingeschnürt in ein funkelndes Kupferkorsett … Die andere, die Engerth, eine gewaltige, dunkle Braunhaarige mit erstickten und heiseren Schreien, mit gedrungenen in einen Gusspanzer gezwängten Lenden, eine ungeheure Bestie, mit einer zerzausten Mähne aus schwarzem Rauch …«

Mit Pauken und Trompeten

93

Dampfloks in der Musik

Energie und Dynamik der Dampflokomotive als Sinnbild des Fortschritts faszinierten bedeutende Musiker und Komponisten und inspirierten sie in ihren musikalischen Werken. Bekannt ist, dass Antonín Dvořák ein großer Eisenbahnliebhaber war. Wenn er nicht komponierte, beschäftigte er sich mit Eisenbahnen, traf sich mit den Lokführern, kroch sogar zwischen den Tendern herum und sammelte technische Daten. Er soll einmal gesagt haben, dass er alle seine Sinfonien darum geben würde, die Lokomotive erfunden zu haben. In seiner 9. Sinfonie »Aus der Neuen Welt« meint der Hörer im letzten Satz das Stampfen einer Dampflok zu vernehmen.

2'C1' hat ihren Platz in der Kulturgeschichte

Der Schweizer Komponist Arthur Honegger hat der Bauart »Pacific« in seiner Komposition »Pacific 231« als Teil seiner drei »mouvements symphoniques« 1923 ein musikalisches Denkmal gesetzt. Er vertont darin lautmalerisch das ruhige Atmen der stillstehenden Maschine, die Anstrengung der Abfahrt, dann die fortschreitende Beschleunigung, die zum gewaltigen Schauspiel des durch die Nacht rasenden schweren Zuges führt.

Die Fahrgeräusche während einer Zugreise inspirierten George Gershwin zu seiner wohl bekanntesten Komposition »Rhapsody in Blue«, in der er mit einer Mischung aus Jazz und Klassik ein kulturelles Kaleidoskop Amerikas zeichnet. Vernehmen Sie nicht auch in den ersten Takten, in denen das Stück an Tempo gewinnt, das Anfahren einer Dampflok?

Partitur für 2 Zylinder, 1 Pfeife und 1000 Schienenstöße

Der für die Duke Ellington Bigband komponierte Jazz-Standard »Take the A-Train« war ursprünglich einer neu in Betrieb genommenen Metro-Linie in New York gewidmet. Zahlreiche Vertreter dieses Genres interpretieren das Stück aber auf individuelle Weise als die Fahrt eines mit Dampflok bespannten Zuges und hören in der Musik das Pfeifen der Lok, die Auspuffstöße der Zylinder und das rhythmische Klacken der Schienenstöße. Auch in Pop, Rock und Country-Musik taucht die Dampflok als Motiv auf. In Jethro Tulls berühmtem Song »Locomotive Breath« wird allerdings nicht, wie der Titel andeutet, das Ausströmen des Dampfes aus dem Zylinder besungen; die Zugfahrt ist eine Metapher für den Wutanfall eines ewigen Verlierers. *Gastbeitrag von Petra Nitsch*

Als Ton zu der Schnellfahrt der 012 066 hat man sich kein »Schnaufen« vorzustellen, sondern den bei 135 km/h zu einem atemlosen Röhren nivellierten Trommelwirbel von drei Triebwerken. Die ehemalige Stromlinienlok, seit 1954 mit Neubaukessel und seit 1957 mit Ölfeuerung, lässt am 27. Juni 2015 sehen und hören, was sie kann.

Kamera, Kunst und Komik

94 Dampfloks im Film

Wenn im 21. Jahrhundert historische Stoffe für Kino oder Fernsehen inszeniert werden, kommen Liebesdrama, Polit-Thriller, Kriegsepos oder biografische Studie zum 19. oder 20. Jahrhundert nicht ohne Verkehrstechnik aus. Nie fehlt die kostbare Autokavalkade aus den Garagen der Sammler. Interessanterweise fahren Geheimpolizisten, Malerinnen, Spione, Agitatoren, Unternehmer, Gräfinnen, Dichter, Liebhaber, Erfinder, Verschwörer und Generäle stets mit blitzsauberen Oldtimern durch Erfolge und Katastrophen. Auch Widerstandskämpfer, Gestapo, SS oder Wehrmacht waren zwischen Stalingrad 1943 und Führerbunker 1945 nie mit verspritzten Wagen unterwegs. Immerhin gelingt dank fachlicher Beratung genauso wie bei Uniformen, Kaffeegeschirr, Büromöbeln oder Damenhüten die Auswahl der epochengerechten Modelle.

Kein Budget für Beratung in Bahnsachen

Das handhabt man in Eisenbahnangelegenheiten völlig anders. Es muss eben nur einfach irgendwo und irgendwie dampfen. Ob da nun mit polnischem oder tschechischem Museumszug im Beschriftungsbild von 1980 in den Ersten Weltkrieg oder ins Nazi-KZ oder in die Adenauerzeit gefahren wird: egal! Merkt ja angeblich keiner. In der hochgelobten Serie »Babylon Berlin« muss natürlich ein typischer Zug aus der spätesten DDR durch die Weimarer Republik dampfen.

Einen realistischen filmischen Blick auf die Dampflokomotive gönnen uns nur zeitgenössische Produktionen von einst. An der Spitze steht der spannende französische Film »La bête humaine« von 1938, in deutscher Synchronisation »Bestie Mensch«, von Jean Renoir mit Jean Gabin. Nahezu jede Einstellung bietet realistische Dampflokszenen aus Depot, Führerstand, Strecke oder Bahnhof.

Nur historische Filme historisch richtig

So ergreifend wie realistisch blickt der ebenfalls französische Film »La bataille du rail« (Schienenschlacht) von René Clément aus dem Jahr 1946 auf den Widerstandskampf der Eisenbahner gegen die deutsche Besetzung 1940 bis 1944 zurück. Höhepunkt ist der Absturz eines ganzen Zuges vom hohen Damm in den Abgrund.

Künstlerische Annäherung mit lokomotivkundiger Präzision an das historische Verfolgungsrennen vom 12. April 1862 im amerikanischen Bürgerkrieg.

Überaus originell und doch nach einem historischen Vorfall von 1862 aus dem amerikanischen Bürgerkrieg gestaltet ist der Film »The General« mit Buster Keaton aus der letzten Blüte der Stummfilmzeit 1926 über eine spannende und amüsante Verfolgungsjagd zwischen zwei Dampfzügen.

Ein französischer Schnellzug aus der Epoche der »Bestie Mensch« noch am 5. Juli 1964. Die 1922 gebaute Pacific 3-231.G.575 führt nahe Rouen den Ex 103 von Paris nach Le Havre. Nach den Verbesserungen gemäß Anleitung von André Chapelon gehörte sie mit 2500 PS zu den stärksten europäischen Dampfloks.

Strom und Öl

95

Konkurrenz ohne Kohle und Kessel

Zu den großen Erfindungen des Industriezeitalters gehört die Idee, den stetigen Fluss des Wassers vom Gebirge zum Meer in Kanälen oder Röhren zu bündeln und damit über Turbinen Stromgeneratoren anzutreiben. 1890 war der elektrische Betrieb von Straßenbahnen anwendungsreif, 1910 auch der Vollbahnbetrieb gleichermaßen mit Drehstrom (Italien), Wechselstrom (Deutschland, Österreich, Schweiz) oder Gleichstrom (Frankreich, USA). Unabweisbar war die Elektrifizierung im Alpenraum und in Skandinavien, wo weite Anfahrwege für Kohle, Nähe von Wasserkraft, höchste Anforderungen auf Steilstrecken und die Rauchbelastung in den langen Tunneln zusammentrafen. Auch auf Nahverkehrsnetzen in Ballungsräumen mit zunehmend unterirdischen Passagen wurde der Dampfbetrieb immer weniger akzeptiert.

Konzentrierte Energie per Draht zur Lok

Auch als man von klimaschädlichen Gasen noch nichts wusste, ahnte man doch die Endlichkeit des Rohstoffs Kohle. Es war geboten, ihre Verbrennung in Kraftwerke mit maschinell befeuerten großen Kesseln zu verlagern, über Dampfturbinen mit konstanter Drehzahl Generatoren antreiben und die elektrische Energie per Oberleitung den Triebfahrzeugen zuzuführen, in denen sie unmittelbar für die Drehbewegung der Räder sorgt.

Der Dieselmotor ist ein Kind der Dampfmaschine. Die im Vergleich zur Kohle vervielfachte Energiedichte des Treibstoffs macht es möglich, Verbrennung (Feuerbüchse) und Druckaufbau (Kessel) in den Zylinder zu verlegen. Unter der – in der weltweiten Ökonomie nach 1945 lange garantierten – billigen Bereitstellung des Öls bot sich damit eine kompakte und bedienungsfreundliche Antriebstechnik an. Serienreif waren Diesellokomotiven und -triebwagen für alle Leistungsbereiche seit 1940.

Öl statt Kohle: die höhere Energiedichte

Nach dem Zweiten Weltkrieg verstärkte sich der Druck zur Umstellung auf Elektro- und Dieselbetrieb immer weiter. Allein schon wegen der inzwischen geforderten Sicherheitsstandards im Bergbau wurde die Kohle ständig teurer. Zu Zeiten der Vollbeschäftigung liefen den Bahnen auch die Heizer davon. Sogar die Werksbahnen von Kohlezechen fuhren

Italien war das erste Land der Welt, das in großem Stil Hauptbahnen elektrifizierte. Die Drehstromloks waren die einzigen ihrer Art, die regelmäßig Kühlwasser benötigten. Deshalb finden wir die 1924 gebaute E.431.034 in Savona 1963 wie eine Dampflok am Wasserkran.

mit Diesel einfach billiger. So war es dann weltweit nur noch eine Frage der Investitionskraft, welches Land wann der Dampflok den Laufpass gab: Niederlande 1958, Belgien 1966, Großbritannien 1968, Frankreich 1974, Österreich 1975, Bundesrepublik 1977, DDR 1988 (jeweils bezogen auf regulären staatlichen Normalspurbetrieb).

Dampfloks heute auf 1000 mm

96 Harz

Mit einem Katalog der Einsätze der noch in beträchtlicher vierstelliger Anzahl betriebsfähigen Dampflokomotiven in aller Welt könnte man dieses Buch alleine füllen. Für Zahnradbahnen in der Sommersaison, für touristische Bähnchen mehr oder weniger musealen Charakters, für exklusive Sonderzüge auf traumhaften Strecken, für Sonntags- und Nikolausfahrten und als Reserve im einen oder anderen bosnischen Bergwerk oder chinesischen Industriebetrieb gibt es noch eine Vielfalt von Exemplaren ganz verschiedener Baujahre, Spurweiten und Größenordnungen.

Alltagsdampf aus Erbschaft DDR

Wir können aber auch fragen, wo noch an 365 Tagen im Jahr fahrplanmäßige Dampfzüge auch Schulkinder und Berufspendler ohne besondere Lokleidenschaft befördern. Das gibt es nur noch in einem Land der Welt: in Deutschland. Geschichtlicher Hintergrund ist die Ölknapp-

Zauberhaftes Licht im Harz am 11. Oktober 2015 auf der 84-jährigen 99 222 aus dem Jahr 1931.

An der Schnittkante zwischen Schnee und Himmel kämpft sich die 99er am 6. Januar 2017 hinauf zum Brockengipfel.

heit der späten DDR, die es ratsam erscheinen ließ, einige ursprünglich im Sinne des Denkmalschutzes erhaltene Schmalspurbahnen im Alltagsbetrieb zu halten. Nach den Umbrüchen von 1990 schafften Bündnisse aus Politikern, Eisenbahnfreunden und der Tourismuswirtschaft die Erhaltung und Sanierung der Systeme in privatisierter Trägerschaft auf kommunaler Basis.

Größte Dampfbahn im 21. Jahrhundert

An der Spitze stehen die meterspurigen Harzbahnen mit einem 140 Kilometer langen Netz zwischen Nordhausen, dem Gipfel des Brocken, Wernigerode, Hasselfelde, Harzgerode und Quedlinburg auf der Basis der bis 1949 privat und dann von der DR betriebenen Harzquer- und Brockenbahn und Selketalbahn. Die Harzer Schmalspurbahnen (HSB) besitzen 25 Dampflokomotiven aus Baujahren zwischen 1897 und 1956, vornehmlich der Bauarten B'B n4vt und 1'E1' h2t. Die wichtigste Garantie für das Gedeihen der HSB ist der Verkehr auf den für Autos gesperrten Brocken. Wer den Fußmarsch auf den prominenten Aussichtsberg mit Blick weit über Norddeutschland scheut, fährt mit dem Dampfzug. Von allen Schmalspurbahnen aus DDR-Erbe waren die Harzbahnen zunächst auch noch die einzigen mit einem Restbestand von Güterverkehr.

Bilanz 2022: 134.338 Dampf-Kilometer, 1.000.000 Fahrgäste, 13 Loks, fleißigste Lok 99 7243 mit 21.032 km

Dampfloks heute auf 900 und 750 mm

97

Molli und Rasender Roland

Zwei weitere Biotope schmalspurigen Alltags finden wir an der Ostseeküste. Vom Normalspurbahnhof Bad Doberan fährt auf der seltenen Spurweite 900 Millimeter der »Molli« (nicht die Molli!) zunächst höchst originell wie eine Straßenbahn durch das Städtchen und dann zwischen Allee, Feldern und Wäldern und zuletzt oberhalb der Steilküste 15 Kilometer weit zu dem touristischen Ostseeort, dem in der Nazizeit 1938 der eigenartige Name Bad Kühlungsborn zugedacht wurde. Die meisten Züge fahren mit 1'D1'-Tenderloks aus dem Jahr 1932. Die drei Exemp-

Frühlingssonne am 24. Mai 2017 bei Sellin Ost (Rügen) auf der 79-jährigen 99 4802 aus dem Jahr 1938

Zauberhaftes Licht im Bahnhof Bad Kühlungsborn West am 17. Oktober 2010 auf der 78-jährigen 99 2321 aus dem Jahr 1932

lare wurden 2009 durch eine im Dampflokwerk Meiningen nach alten Zeichnungen neu gefertigte vierte Maschine ergänzt.

Bilanz 2022: 97.680 Dampf-Kilometer, 1.000.000 Fahrgäste, 5 Loks, fleißigste Lok 99 2323 mit 27.440 km

Perle aus Pommerns Schmalspuruniversum

Auf Deutschlands größter Insel Rügen finden wir in der Spurweite 750 mm die 24 km lange Strecke Putbus–Göhren in der östlichen Hälfte der Insel. Die Bahn arbeitet in der Badesaison an der Grenze ihrer Kapazität. Die Rügensche Bäderbahn fährt mit neun Dampflokomotiven (Dh2t, 1'Dh2t und 1'E1'h2t) aus Baujahren zwischen Kaiserzeit 1914 und DDR 1955 mit unterschiedlicher Herkunft aus alter Rügener Kleinbahnerbschaft, aus dem Kreis Jerichow in Sachsen-Anhalt und aus Sachsen. Üblich geworden ist die Bezeichnung »Rasender Roland«.

Bilanz 2022: 152.523 Dampf-Kilometer, 1.077.000 Fahrgäste, 7 Loks, fleißigste Lok 99 4011 mit 31.068 km

Dampfloks heute auf 750 mm

Sachsen

98

Belgien, Bosnien-Herzegowina und Sachsen waren einst die Schmalspurparadiese in Europa. Von den Niederungen an Elbe und Mulde bis in die Täler des Erzgebirges vor der böhmischen Grenze reisten Menschen und Güter auf 750-Millimeter-Spur. Allzu eilig sollte man es freilich nicht haben. Die DDR-Medien hatten sich noch nicht über die kapitalistische Willkür der Streckenstilllegungen in Westdeutschland beruhigt, als der Ministerrat auch schon für viele eigene Kleinbahnen den »Verkehrsträgerwechsel« auf Lkw und Bus verkündete. Von den sächsischen Schmalspurbahnen sind jedoch Inselbetriebe übrig geblieben.

Attraktion im Dreiländereck

Die Sächsisch-Oberlausitzer Eisenbahngesellschaft betreibt im deutsch-tschechisch-polnischen Dreiländereck die Strecke von Zittau nach Bertsdorf mit den Verzweigungen von dort nach Jonsdorf und Oybin. Fünf Loks fahren im Ausflugs-, Urlaubs-, Schul- und Berufsverkehr. Besondere Aufmerksamkeit genießt eine der zugleich ältesten und neuesten Lokomotiven der Welt, die IK Nr. 54. Alt, weil sie nach Zeichnungen von 1881 gebaut wurde. Neu, weil eine Spendensumme von 800.000 € die 2009 vollendete komplette Nachfertigung einer in der Originalsubstanz schon seit Jahrzehnten verschwundenen Gattung ermöglicht hat.

Bilanz 2022: 37.349 Dampf-Kilometer, 199.844 Fahrgäste, 4 Loks, fleißigste Lok 99 760 mit 11.786 km

Bei Dresden: Personenzug gibt Dampf

Nördlich von Dresden dient die Lößnitzgrundbahn der Sächsischen Dampfeisenbahngesellschaft (SDG) vom Bahnhof Radebeul Ost im Elbetal 16,6 Kilometer weit nach Radeburg dem Nahverkehr der Landeshauptstadt.

Bilanz 2022: 50.721 Dampf-Kilometer, 265.000 Fahrgäste, 3 Loks, fleißigste Lok 99 761 mit 24.776 km

Derselbe Betreiber fährt südwestlich von Dresden mit Dampf von Freital-Hainsberg durch das Weißeritztal 26,1 Kilometer weit nach Kurort Kipsdorf. Bei der Strecke handelt es sich nach verheerenden Hochwasserschäden 2002 weitgehend um einen Neubau.

Bilanz 2022: 51.730 Dampf-Kilometer, 202.000 Fahrgäste, 4 Loks, fleißigste Lok 99 793 mit 27.385 km

Ebenfalls reale Verkehrsbedürfnisse bedient diese GmbH mit der Fichtelbergbahn von Cranzahl 17,4 Kilometer weit zum weltbekannten Wintersportort Oberwiesenthal an der tschechischen Grenze. Die SDG bietet 105 Arbeitsplätze und besitzt 25 Dampfloks und 148 Wagen.

Bilanz 2022: 61.527 Dampf-Kilometer, 230.000 Fahrgäste, 5 Loks, fleißigste Lok 99 773 mit 20.628 km

Und dann gibt es noch die Preßnitzbahn. Ein Verein hat einen Abschnitt der früheren Schmalspurstrecke Wolkenstein–Jöhstadt erworben und wieder aufgebaut. Eine Vielzahl von Fahrprogrammen erlaubt Blicke wie diesen ins Paradies der Dampflokzeit.

Am Tropf des Ehrenamts

Die Dampflok lebt!

99

Von Mitfahrern und Zaungästen der Dampfzüge unserer Tage hört man gelegentlich das Lob, wie schön es doch sei, dass »die Bahn« sowas veranstaltet. Eine rührend unbedarfte Diagnose! Die einst behördlich und heute privatwirtschaftlich geführten Staatsbahnen haben eine Anzahl Lokomotiven auf Denkmalsockel gestellt oder an Museen gespendet. Mobile Aktivitäten in eigener Traditionspflege hielten sich in Grenzen und sind heute jedenfalls in Deutschland und Österreich ganz erloschen.

Aktive Dampflok heute: ein teures Wunder

Wenn Sie auf einer Normalspurstrecke der nationalen Netze heute einen Dampfzug sehen, dann steht die Lokomotive in Eigentum oder Betreuung eines privaten Vereins. Ihre Rettung vom Denkmalsockel, vom

Zur rechtlichen und wirtschaftlichen Basis von Dampfzugfahrten

Jedes Eisenbahn-Verkehrsunternehmen kann gegen Entrichtung des Trassenpreises mit zugelassenen Fahrzeugen und geprüftem Personal auf öffentlichen Strecken fahren. Die moderne digitale Kommunikationstechnik findet in manchem Führerhaus kaum Platz.

Schrottplatz, aus einer Nachnutzung als Heizlok, mit Rückkauf aus dem Ausland oder aus dem Nachlass eines privaten Sammlers ist jeweils eine Abenteuergeschichte für sich. Lokomotiven preußischer Bauart wurden aus der Türkei und Rumänien geholt; in Bulgarien verbliebene deutsche Kriegsloks kamen per Donauschiff nach Bayern.

Eine weitere mit keinem Betriebstag jemals endende Geschichte ist die Reaktivierung und Erhaltung der Maschinen mit zahllosen ehrenamtlichen Arbeitsstunden in einem Universum von Alteisen und Rost oft unter freiem Himmel. Nur in einem weit gespannten Netzwerk gelingt die Beschaffung fehlender Teile aus altem Bestand. Viele Ersatzteile sind heute nirgends im Angebot. Der Verein muss erst einmal darauf kommen, dass eine Gießerei für Kirchenglocken auch das fehlende Läutewerk beisteuern kann. Die Spendengelder sind knapp; Glückstreffer sind Firmen, die als Sponsoren mit korrosionsfesten Rohren oder Schweißtechnik aushelfen. Ein neuer Kessel oder ein neuer Zylinderblock freilich sind nicht vom befreundeten Eisenhandel am Ort zu haben und können nicht von jungen Enthusiasten hergestellt werden. Dafür braucht man die industrielle Produktion etwa vom Dampflokwerk Meiningen aus DDR-Erbschaft. Lassen Sie uns über Geld reden: Auch nach Abzug aller Eigenleistungen und Zuwendungen kann die Reaktivierung einer Schrottlok oder die turnusgemäße Hauptuntersuchung je nach Größe der Maschine mehr als eine Million Euro kosten!

Es wirkt so selbstverständlich wie vor 60 Jahren, wenn hier am 18. Oktober 2008 die 57 2770 vom oberbayerischen Garching südwärts fährt. Dahinter steckt aber eine ambitionierte Logistik mit Ankauf der preußischen G 10 aus Rumänien, mit ihrer Instandhaltung durch die Österreichische Gesellschaft für Eisenbahngeschichte und einem monatelangen Verhandlungsvorlauf für vier Tage Dampfbetrieb auf regulär befahrenen Strecken in Deutschland.

Kran und Walze

100

Dampfende Verwandtschaft

In einer Zeit ohne serienmäßige Dieselmotoren beliebiger Leistung und Größe war die mobile Dampfmaschine kein Reservat der Lokomotive. Parallel zu ihrer Fertigung hatten viele Hersteller auch »Lokomobile« im Katalog, nämlich die heute kaum noch bekannten, auf Eisen- oder Vollgummireifen rumpelnden Zugmaschinen, die in behäbigstem Tempo schwere Lasten über Stock und Stein schleppten, die aber auch per Transmissionsriemen eine Dreschmaschine, ein Jahrmarktkarussell oder eine Bandsäge antreiben konnten. In enger Verwandtschaft angesiedelt war das Pärchen von schwergewichtigen Dampfpflügen, die von beiden Seiten eines Ackers per Seilzug riesige Pflugscharen zogen. Noch am ehesten bekannt ist – auch sprichwörtlich – die Dampfwalze für den Straßenbau.

Leider auch Vergangenheit: die Dampfkräne

Zurück zum Eisenbahnbetrieb: Da streckten riesige Dampfkräne ihre Ausleger in den Himmel und bargen mit hektisch ratternder Maschine entgleiste Fahrzeuge oder hoben in nächtlicher Betriebspause neue

Eine Sozialstudie an einer Dampfwalze im Ersten Weltkrieg. Die Lebenswege der Kinder im unruhigen 20. Jahrhundert würden Romane füllen, doch bleiben sie für uns namenlos.

Dampf hilft Dampf! Zwei Kräne bergen am 1. September 1959 die in Wien abgestürzte 75.742.

Stahlbrücken in die Widerlager. Die Kräne waren rar und mussten manchmal von weither angefordert werden. Als eine österreichische Ellok in den 1950er-Jahren von der Tauernbahn abstürzte, musste ein Kran aus Kassel helfen. Der Expeditionsleiter der DB erschreckte die Kollegen von den ÖBB mit seinem scherzhaften Hinweis auf das Seerecht, wonach der bergenden Mannschaft die Beute gehört. Heute ist der schienengebundene Drehkran, mit welchem Antrieb auch immer, selten geworden. Die gummibereifte Konkurrenz ist flexibler zur Stelle.

Leidenschaft ganz persönlich

Lebensthema Dampflok

101

Als Freund der Eisenbahn und speziell der Dampflokomotive könnte ich dieses Buch aus eigenem Wissen, aus der Literatur und aus sicherlich 100.000 analog oder digital vorhandenen Fotos mühelos verdoppeln oder verdreifachen. Ich würde mit Auskünften zum bosnischen Schmalspurnetz und zu fantastischen Museumsbahnen in Großbritannien, zur Vielfalt der Spurweiten in Indien und zu den Bahnen über die Anden, zum Dampflokparadies Semmering und zum angestrengten Schiebebetrieb auf den nordbayerischen Rampenstrecken nicht geizen.

Warum Dampflokfan? Ich weiß es nicht.

Eine Frage kann unsereiner nicht wirklich beantworten, nämlich warum uns genau diese Maschine zum Lebensthema geworden ist. War der Vater Lokführer oder Schrankenwärter? Nein. Bin ich als Kind mit dem Dampfzug am Sonntag ins Gebirge oder in den Ferien zur Großmutter gefahren? Mit einem Geburtsjahr vor 1960 natürlich ja. Und wie Millionen

Ja, diese Leidenschaft ist etwas rückwärtsgewandt, wie auch die 38 3101 am 19. Oktober 2008 am Alzkanal nördlich von Trostberg in Oberbayern. Aber die Dampflok führt ihren Freund in ein grenzenloses Reich der technischen Faszination, der geschichtlichen Tiefe und der menschlichen Sehnsucht. Sie sind über 100 Kilometer bzw. Kapitel mitgefahren!

andere Kinder habe auch ich einst die elektrischen Züge auf der Märklin-Anlage kreisen lassen. Schon früh war aber bei allem grundsätzlichem technischem Interesse auch an Baumaschinen, Trambahnen und Schiffen klar, dass Anblick und Akustik der Dampflokomotive bei mir an eine spezielle tiefere Ader rühren. Einen speziellen Grund hierfür gibt es wie für jede große Leidenschaft eines Menschen nicht. Auch der Extrembergsteiger oder die Archäologin, der Sammler von Schelllack- und Vinylplatten, der Weltumsegler oder die in Musikinstrumente des 18. Jahrhunderts vernarrte Restauratorin, der Höhlentaucher oder die Fallschirmspringerin können ja nicht sagen, warum das »sein muss«. Die Psychologie hat übrigens die vor einigen Jahrzehnten beliebten wohlfeilen Deutungen aller vom Durchschnitt abweichenden Neigungen als völlig unergiebig erkannt und hinter sich gelassen.

Dank an die Dampflok

Ich bin in einem Lebensalter angelangt, in dem die großen Reisen und der Aufbau der Sammlung in die Zeit der Ernte und der Dankbarkeit übergehen. Dankbar bin ich für die auf der Jagd nach der Dampflok unternommenen Reisen in Gegenden weitab vom klassischen Tourismus mit all den dadurch geschenkten Begegnungen. Dankbar bin ich für lebenslange Freundschaften mit Eisenbahnern verschiedener Generationen und Funktionen. Dankbar bin ich für meinen wunderbaren Freundeskreis rund um die Lokomotive. Dankbar bin ich nach meinem 40. Eisenbahnbuch für die Garantie eines Ruhestandes auch weiterhin ohne eine Stunde Langeweile.

Literaturverzeichnis

Helmholtz, Richard, Dr.-Ing., Die Entwicklung der Lokomotive im Gebiete des Vereins deutscher Eisenbahnverwaltungen, I. Band, 1835–1880, München und Berlin 1930 (Oldenbourg)

Knipping, Andreas: Deutschlands Lokomotiven und Triebwagen – Das Verzeichnis aller deutschen Fahrzeugtypen 1925 bis 1970, Freiburg 2015 (Eisenbahn-Kurier)

Knipping, Andreas: Die deutschen Schnellzug-Dampflokomotiven, München 2020 (GeraMond)

Maedel, Karl-Ernst: Die deutschen Dampflokomotiven gestern und heute, Berlin 1965 (Verlag Technik)

Niederstraßer, Leopold: Leitfaden für den Dampflokdienst, Leipzig 1941 (Verkehrswissenschaftliche Lehrmittelgesellschaft)

Metzeltin, Erich, Dr.-Ing., Die Entwicklung der Lokomotive im Gebiete des Vereins mitteleuropäischer Eisenbahnverwaltungen, II. Band, 1880–1920, München und Berlin 1937 (Oldenbourg)

Impressum

Verantwortlich: Jerome P. Schäfer
Redaktion & Lektorat: Franka Virteburch
Korrektorat: Ralf J. Klumb | The Wordworms
Layout: BUCHFLINK Rüdiger Wagner

Repro: LUDWIG:media
Herstellung: Julia Hegele
Printed in Poland by CGS Printing

★★★★★

Sind Sie mit diesem Titel zufrieden? Dann würden wir uns über Ihre Weiterempfehlung freuen. Erzählen Sie es im Freundeskreis, berichten Sie Ihrem Buchhändler oder bewerten Sie bei Ihrem nächsten Onlinekauf. Und wenn Sie Kritik, Korrekturen oder Aktualisierungen haben, freuen wir uns über Ihre Nachricht an GeraMond Media Verlag, Postfach 40 02 09, D-80702 München oder per E-Mail an lektorat@verlagshaus.de.

Unser komplettes Programm finden Sie unter www.geramond.de

In diesem Buch wird aus Gründen der besseren Lesbarkeit das generische Maskulinum verwendet. Weibliche und anderweitige Geschlechteridentitäten werden dabei ausdrücklich mitgemeint, soweit es für die Aussage erforderlich ist.

Die Deutsche Nationalbibliothek verzeichnet diese Publikation in der Deutschen Nationalbibliografie; detaillierte bibliografische Daten sind im Internet über http://dnb.d-nb.de abrufbar.

Bildnachweis: Die Bilder im Innenteil stammen von Andreas Knipping bzw. aus der Sammlung Knipping (SK) außer: Friedrich W. Baier: 41, 44/45, 95, 117, 121 o.; Carl Bellingrodt (SK): 21, 47, 52/52, 126, 150–151, 153; Hendrik Bloem: 145; Klaus-Henning Damm: 29, 31, 83 o., 99, 116/117 u., 131, 152, 174/175, 180–183, 185; Deutsches Museum München: 103; Engels (SK): 93; Fischach (SK): 35; Historische Sammlung der DB: 48/49, 77, 101; Werner Hubert (SK): 55 o., 61, 125; Jäger (SK): 7; Lokomotivgeschichtliche Bierkonferenz: 80/81, 87; Mag. pharm. Alfred Luft: 58, 160, 189; Hermann Maey (SK): 67; Harald Navé: 94, 123, 135 u., 141 u., 154/155 u., 177 u.; Joachim von Rohr: 179; Dr. Günter Scheingraber (SK): 57; Heribert Schröpfer: 127, 135 o., 177 o.; Gert Schütze: 168; Alex Senf: 163; J. O. Slezak: 141 o.; Steiner/Reichsverkehrsministerium (SK): 91; Gottfried Turnwald: 121, 136, 159 u., 164/165; Sammlung Ernst Ulrich: 89; Vilain (SK): 71 u.; Werkfoto BMAG (SK) 19; Werkfoto Borsig (SK): 46, 119 o., 122; Werkfoto Henschel (SK): 155 o.; Werkfoto Krauss-Maffei (SK): 62/63, 64, 75, 78, 107 o.; Werkfoto (SK): 16/17, 18, 20, 59; Burkhard Wollny: 28.
Abbildungen auf dem Umschlag: Andreas Knipping, Slg. Andreas Knipping, Harald Navé
Seite 2: Die 1926 gebaute 01 2066 des Bayerischen Eisenbahn-Museums dampft unter dem blauen Himmel Münchens in die Wintersonne des 6. Dezember 2019. Dampfwolken aus Schornstein und Zylindern, Reihen- und Ordnungsnummer, Windleitbleche, große und kleine Räder ... In 101 Kapiteln werden Sie darüber viel erfahren.

2. Auflage 2024

ISBN 978-3-96453-250-3